高等学校教材

飞行器零件成形技术

主编 李西宁

西北工业大学出版社

西安

【内容简介】 本书的内容包括钣金零件成形和复合材料零件成型两部分。钣金零件成形部分以金属塑性成形理论为基础,讲授以金属薄板零件为制造对象的飞行器零件成形技术,主要包括冲裁、弯曲、拉深、旋压、飞机钣金零件成形(橡皮成形、拉形、落压成形、喷丸成形)等;复合材料零件成型部分以树脂基复合材料成型为主,讲授复合材料零件在成型过程中的基本理论和成型工艺,主要包括复合材料基础、复合材料预加工技术(预浸料制备、模制混合料制备、粒状料预加工、预制体制造)及复合材料成型工艺(热压罐成型、液体成型、缠绕成型、拉挤成型、其他成型方法等)。

本书可作为高等学校飞行器制造工程专业的课程教材,也可作为航空航天领域从事飞行器设计制造的技术人员和管理人员的参考书。

图书在版编目(CIP)数据

飞行器零件成形技术 / 李西宁主编 . — 西安 ：西北工业大学出版社，2024.1
　　ISBN 978 - 7 - 5612 - 9187 - 0

　　Ⅰ. ①飞… Ⅱ. ①李… Ⅲ. ①飞行器-机械元件-成型　Ⅳ. ①V47

中国国家版本馆 CIP 数据核字(2024)第 037191 号

FEIXINGQI LINGJIAN CHENGXING JISHU

飞 行 器 零 件 成 形 技 术

李西宁　主编

责任编辑：朱晓娟		策划编辑：杨　军	
责任校对：胡莉巾		装帧设计：高永斌　李　飞	

出版发行：西北工业大学出版社
通信地址：西安市友谊西路 127 号　　邮编：710072
电　　话：(029)88491757，88493844
网　　址：www.nwpup.com
印 刷 者：陕西隆昌印刷有限公司
开　　本：787 mm×1 092 mm　　　1/16
印　　张：15
字　　数：374 千字
版　　次：2024 年 1 月第 1 版　　2024 年 1 月第 1 次印刷
书　　号：ISBN 978 - 7 - 5612 - 9187 - 0
定　　价：59.00 元

前　言

本书是供高等学校飞行器制造工程专业使用的课程教材,是在以前教材的基础上,按照现行教学大纲重新编写的。全书内容涉及钣金零件成形和复合材料零件成型两部分。

第1章主要阐明飞行器零件的特点及成形/成型概念,以及飞行器零件的成形/成型方法及其应用。第2~6章详细阐述钣金零件成形方法,具体内容包括冲裁、弯曲、拉深、旋压、橡皮成形、拉形、落压成形和喷丸成形等相关知识。第7~9章详细阐述复合材料零件成型方法,具体内容包括基体、增强体、界面等复合材料基础知识,预浸料制备、模制混合料制备、粒状料预加工和预制体制造的复合材料预加工技术,以及热压罐成型、液体成型、拉挤成型、缠绕成型等复合材料成型工艺。

由于受课程学时所限,本书主要介绍基本理论和基本工艺方法等,有兴趣者可在掌握本书内容的基础上学习相关课程,或阅读相关文献。

笔者指导的研究生张耀茂、刘育志、叶园园、宋士琦、张鹏飞、赵梦麟、王悦舜在本书的编写过程中给予了大量帮助,在此表示感谢。在编写本书的过程中,曾参阅相关文献资料,在此谨对其作者表示感谢。

由于水平有限,书中难免有疏漏和不足之处,请广大读者批评指正。

编　者

2023 年 10 月

目　录

第二部分　复合材料零件成型

第1章 绪 论

飞机零件结构多样,其制造方法多种。本书主要介绍钣金零件成形和复合材料零件成型方面的内容。"飞机零件成形技术"是一门实用性很强的课程,需要学生能将成形理论及其分析方法具体地运用到各个成形工序的分析中,并对零件成形过程中的应力、应变分布及其影响因素有比较清晰的概念,为制定正确的工艺方案和设计合理的模具结构奠定基础。

1.1 钣金成形概述

典型的飞机钣金零件有蒙皮、口框、长桁、肋缘、翼肋等,如图1-1所示。

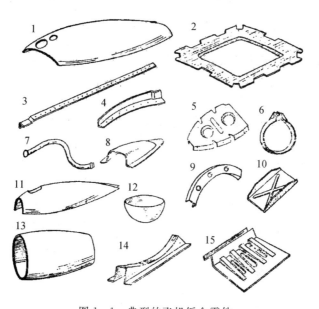

图1-1 典型的飞机钣金零件

1—蒙皮;2—口框;3—长桁;4—肋缘;5—翼肋;6—卡箍;7—导管;8—整流罩;9—框缘;

10—隔板;11—翼尖;12—半球;13—副油箱壳体;14—支架;15—加强板

飞机钣金零件具有尺寸大、厚度小、刚度小、形状复杂、精度要求高等特点,因此对板材质量的要求也很严格。一架飞机的钣金零件总数虽然很多,但同种零件的数量很少,而且材料品种较多。飞机钣金零件可分为型材零件、板材零件和管材零件三类,每类零件又可以进一步细分,如图1-2所示。

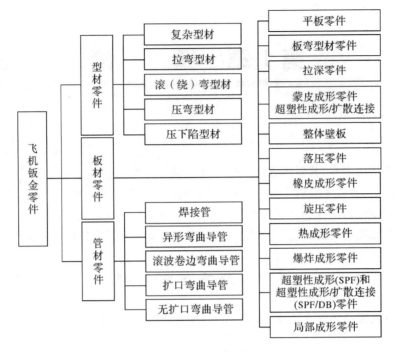

图1-2 飞机钣金零件分类

随着科学技术的不断进步和工业生产的迅速发展,钣金成形理论与技术也在不断革新和发展,主要表现在以下方面。

1)钣金成形理论

深入研究钣金成形的基本规律,以及各种冲压工艺的变形理论、失稳理论与极限变形程度等;应用有限元、边界元等技术,对冲压过程进行模拟、分析,以预测某一工艺过程中板料对冲压的适应性及可能出现的质量问题,从而优化冲压工艺方案,使塑性变形理论指导生产过程。

2)钣金成形材料

制造钣金件用的传统金属材料,正逐步被高强钢板、涂敷镀层钢板、塑料夹层钢板和其他复合材料或高分子材料替代。随着材料科学的发展,需要加强研究各种新材料的钣金成形性能,不断发展和改进钣金成形技术。

3)模具技术

在模具设计与制造中,开发并应用计算机辅助设计和制造(CAD/CAM)系统,发展高精度、长寿命模具和简易模具(软模、低熔点金属模具等)制造技术以及通用组合模具、成组模具、快速换模装置技术等,以适应钣金零件的更新换代和各种生产批量的要求。

4)生产过程自动化

推广应用数控钣金设备、钣金柔性制造系统(FMS)、多工位高速自动钣金机以及智能机器人送料取件,进行机械化与自动化的流水线钣金生产。

5)钣金成形技术

精冲与半精冲、液压成形、旋压成形、爆炸成形、电液成形、电磁成形、超塑性成形等技术得到不断发展和应用,某些传统的钣金加工方法将被它们所取代,零件的钣金加工趋于更合理、更经济。

1.2 复合材料成型概述

复合材料是经过选择的、含一定数量比的两种或两种以上的组分(或称组元),通过人工复合,组成多相、三维结合且各相之间有明显界面的、具有特殊性能的材料。

由于碳纤维增强树脂基复合材料具有高比强度、高比模量、非匀质性和各向异性,以及可设计性等基本特性,其在航空航天领域得到了广泛关注,是一种理想的轻质、高强的航空航天结构材料。同铝合金相比,用碳纤维复合材料制造的飞机结构减重可达 20%~40%。

20 世纪 90 年代以来,美国等发达国家的先进战斗机都大量采用复合材料结构,复合材料几乎遍布飞机各个部位,包括垂尾、平尾、机身蒙皮以及机翼壁板和蒙皮等。F-22 战斗机的复合材料用量占飞机总重量的 24%,F-35 战斗机的复合材料用量占飞机总重量的 36%,EF-2000 飞机的复合材料用量占飞机总重量的 43%。

在民用飞机上,复合材料在波音飞机和空客飞机上的用量近年来持续上升,进入 21 世纪以后更是突飞猛进。在 B787 飞机上,复合材料的重量占比达 50%,如图 1-3 所示;而在空客公司已交付使用的"空中巨无霸"A380 飞机上,复合材料的重量占比为 25%,如图 1-4 所示;空客公司计划推出的超宽体客机 A380XWB,复合材料用量将达 52%。采用复合材料,不仅可降低结构重量,而且还将提供更大的设计空间和更舒适的乘坐体验。

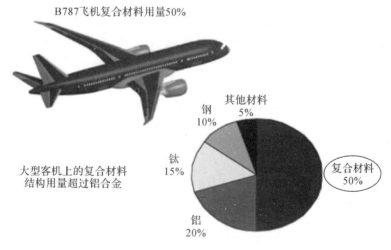

图 1-3 B787 飞机复合材料用量

在航天领域,复合材料广泛应用于承力筒、各种仪器安装结构板等航天器结构件。在运载火箭上,复合材料被用于火箭的排气锥体,发动机的盖、燃烧室壳体、喷管、喉衬、扩散段及整流罩等部位,与铝合金相比,用复合材料后结构重量可减轻 10%~25%。

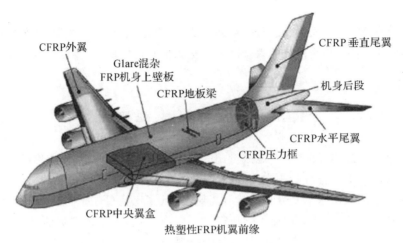

图 1-4　复合材料在 A380 飞机上的应用

注:CFRP 为由碳纤维增强的复合材料;Glare 为玻璃层压板铝增强环氧树脂;FRP
为玻璃纤维增强塑料。

先进复合材料是由高体积分数的高强纤维和中/高温树脂体系复合而成的,其平均纤维体积分数为 50%~70%,航空航天应用的典型纤维体积分数为 62%。复合材料成型部分包括复合材料基础、复合材料预加工技术和复合材料成型工艺(如热压罐成型工艺、液体成型工艺、拉挤成型工艺、缠绕成型工艺、其他成型方法等)。

随着复合材料的用量急剧增加,其制造的高成本问题变得日益突出。因此,面向制造的复合材料的低成本化已成为目前研究的重点。复合材料的低成本研制技术主要包括发展以面向制造的产品设计(Design For Manufacture,DFM)为核心的设计与制造一体化技术,发展大丝束碳纤维的应用、低温快速固化树脂体系开发、热塑性复合材料的合理使用等低成本材料技术,发展以自动铺带(ATL)和纤维自动铺放(AFP)为主的低成本自动化制造技术和以树脂传递成型(RTM)技术为核心的低成本制造技术,发展以共固化/共胶接为核心的大制件整体成型技术、非热压罐外成型技术,等等。

第一部分　钣金零件成形

第2章 冲　裁

2.1　冲　裁　概　述

冲裁是利用冲压设备和模具使板料分离或部分分离以获取零件或毛坯的冲压工序。冲压设备提供成形所需的力,模具决定了零件的形状和尺寸。冲裁的用途极广,既可以制成平板零件或为弯曲、拉深、成形等工序准备毛坯,也可以在已成形的冲压件上进行切口、剖切、修边等冲压加工。

冲裁进一步细分为落料、切断(切边、剖切)、冲孔、切口、冲槽、修整等工序,如图2-1所示。一般而言,冲裁工艺主要指的是落料和冲孔。

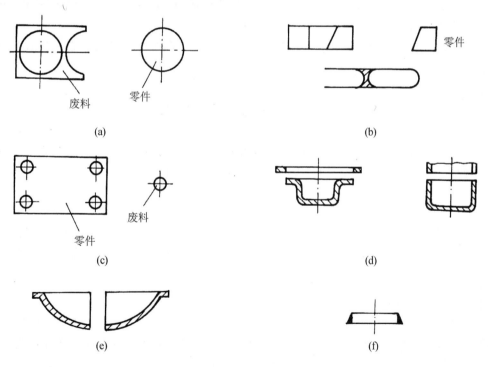

图 2-1　冲裁工序示意

(a)落料;(b)切断;(c)冲孔;(d)切边;(e)剖切;(f)修整

经过冲裁后,板料分离为两部分,即冲落部分和带孔部分。从板料上冲下所需形状的零件(或毛坯)叫作落料,是为了制取一定外形的零件;在工件上冲出所需形状的孔(冲去的部分为废料)叫作冲孔,是为了制取内孔。

切断是用冲模将板料或型材沿不封闭轮廓进行分离的工序,用以制取形状简单、精度要求不高的平板类工件或下料。切边是一种利用冲模修整成形工件的边缘,使之具有一定直径、一定高度或一定形状的冲压工序。剖切是将成形工件切分成多个零件的冲压工序,多用于不对称零件的成双或成组冲压成形之后。

切口是将材料沿敞开轮廓局部而不是完全分离的一种冲压工序,被切开而分离的材料位于或基本位于分离前所处的平面。

冲槽是将废料沿敞开轮廓从材料或工件上分离的冲压工序,敞开轮廓呈槽形,其深度大于宽度。

如果零件的精度和表面质量要求较高,那么需用修整工序将冲裁后的孔或落料件的周边进行修整,以切掉普通冲裁时在冲裁件断面上残留的断裂带和毛刺,从而提高冲裁件的尺寸精度,降低表面粗糙度。修整所切除的余量很小,一般每边为 $0.05\sim0.2$ mm,表面粗糙度值 Ra 可达 $1.6\sim1.8$ μm,精度可达 IT7~IT6。实际上,修整工序的实质属于切削过程,但比机械加工的生产效率高得多。

冲裁工作生产效率高、成本低、材料利用率高、产品尺寸稳定、操作简单,容易实现机械化和自动化,特别适合大批量生产。

在飞机制造业中,冲裁工作占整个飞机制造工作量的 $4\%\sim5\%$,其在汽车、家电、日用五金等行业中所占比例很高,为 $20\%\sim25\%$。

根据材料的变形机理,将冲裁分为通过采用合理冲裁间隙控制裂纹的普通冲裁和通过采用合理冲裁间隙抑制裂纹的精密冲裁。

2.2 冲裁变形机理

为了认识冲裁的本质,掌握其变形规律,为模具设计做好理论准备,必须全面了解冲裁的变形过程、断面特征等内容。下面结合普通冲裁进行分析。

2.2.1 冲裁的变形过程分析

冲裁过程是材料的分离过程。冲裁既然是分离工序,工件必然是从弹、塑性变形开始,以断裂告终的。当模具间隙正常时,冲裁过程分为弹性变形阶段、塑性变形阶段和断裂阶段。

1. 弹性变形阶段

材料应力状态未满足塑性条件,处于弹性变形阶段。凸模接触板料,开始对材料加压。凸、凹模刃口之间存在间隙,使得材料除产生弹性压缩变形外,还产生弹性拉伸和弯曲变形。模具刃口要阻止上、下表面材料的变形,会产生摩擦力。

板料下表面在垂直方向的压应力和弯矩产生的径向拉应力联合作用下,主剪应力最大;板料上表面在垂直方向的压应力和弯矩产生的径向压应力联合作用下,主剪应力次之。冲裁弹性变形阶段如图 2-2 所示。

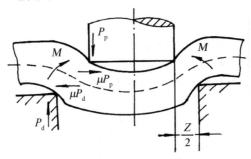

图 2-2 冲裁弹性变形阶段

P_p—板料上表面在垂直方向的压力；M—弯矩；P_d—板料下表面在垂
直方向的压力；μP_d—板料所受摩擦力（μ 为摩擦因数）；Z—冲裁间隙

2. 塑性变形阶段

由于板料已进入塑性变形阶段，板料上、下表面分别与凸模、凹模侧面接触，从而产生侧
压力以及相应的摩擦力，如图 2-3 所示。随着凸模压力增加，板料下表面凹模刃口处首先
达到材料的屈服应力而由弹性变形阶段进入塑性变形阶段；随之板料上表面凸模刃口处亦
进入塑性变形阶段；然后塑性变形区由上、下表面的刃口处向板料内部扩展。塑性变形阶段
的应力状态如图 2-4 所示。

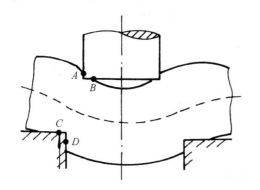

图 2-3 冲裁塑性变形阶段

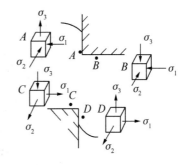

图 2-4 冲裁塑性变形阶段的应力状态

由图 2-3 和图 2-4 可知各点处受到的应力情况如下：

A 点：凸模下行引起的轴向拉应力 σ_3，弯矩与凸模侧压引起的径向压应力 σ_1，弯矩与凸
模侧压引起的拉应力所合成的切向压应力 σ_2。

B 点：凸模下压和弯矩引起的三向压应力状态。

C 点：凹模挤压板料产生的轴向压应力 σ_3，弯矩引起的径向拉应力 σ_1 和切向拉应力 σ_2。

D 点：凸模下行引起的轴向拉应力 σ_3，弯矩引起的拉应力与凹模侧压引起压应力合成
的径向应力 σ_1 和切向应力 σ_2。此合成应力可能是拉应力，也可能是压应力，与间隙大小有
关，一般情况下 D 点主要处于拉应力状态。

由单元体受力分析可知：凸模与凹模端面的静水压力高于侧面的静水压力，凸模刃口附

近材料的静水压力比凹模刃口附近高。静水压力越高,材料塑性越好,越不易破裂。

3. 断裂阶段

凸模下行压入材料至一定深度时,首先在静水压力最低的凹模刃口侧壁达到破坏应力,从而出现裂纹;继而在凸模刃口侧壁出现裂纹;裂纹出现后,沿最大剪应力方向向板料内部扩展。间隙合理时,上、下裂纹重合使板料分离,完成冲裁工作。冲裁断裂阶段如图2-5所示。

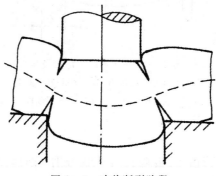

图 2-5 冲裁断裂阶段

2.2.2 冲裁件断面特征

用冲裁方法制得的零件断面是不光滑的,也不与板面垂直,如图2-6所示。在断面上具有明显的特征区——圆角带、光亮带、断裂带,断面上还会有毛刺。

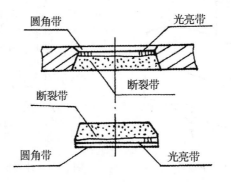

图 2-6 冲裁件断面特征区分布

圆角带是冲裁过程中由于材料的弯曲与拉伸而形成的。在软材料用大间隙冲裁时,圆角带尤为明显。

光亮带是刃口切入板料后,材料被模具侧面挤压而形成的表面。塑性好的材料,其光亮带大。光亮带与板面垂直,占板厚的 $1/3 \sim 1/2$。

断裂带发生在冲裁过程的断裂阶段,是由刃口处的裂纹在拉应力作用下,不断扩展而形成的撕裂面,断面较粗糙,且有斜度。塑性越差的材料,其断裂带越大。

毛刺是超出正常表面范围之外凸出的那一部分金属,是伴随裂纹的出现而产生的。

2.3　冲　裁　间　隙

冲裁间隙是冲裁时的凸模与凹模之间的间隙,通常以 Z 表示,其值为凹模实际尺寸与凸模实际尺寸之差。

冲裁间隙是冲裁工艺与模具设计中的一个极其重要的参数。要对间隙的合理性做出正确的评价,必须首先研究冲裁间隙对冲裁件质量、模具寿命、力能消耗等因素的影响规律,并对其有一个定性、定量的全面认识。

2.3.1　冲裁间隙对冲裁件质量的影响

冲裁件的三个质量指标是断面质量、尺寸精度、形状误差。这里只介绍断面质量、尺寸精度。

1. 间隙对断面质量的影响

冲裁间隙与冲裁件断面质量的关系如图 2-7 所示。

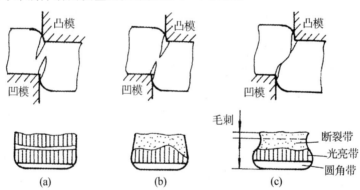

图 2-7　冲裁间隙与冲裁件断面质量的关系

(a)冲裁间隙过小;(b)冲裁间隙合理;(c)冲裁间隙过大

当冲裁间隙合理时,材料会由于上、下剪裂纹遇合而分离,断面较光洁,毛刺较少、较小。当冲裁间隙过小时,上、下裂纹不重合。当凸模继续下压时,上、下剪裂纹的中间部分将产生二次拉裂。当上裂纹表面压入凹模时,受到凹模壁挤压,会出现第二光亮带,部分材料被挤出表面形成毛刺或齿状边缘。当间隙过大时,上、下裂纹不重合。材料所受的弯曲和拉伸力增大,拉应力增大,材料容易撕裂,且裂纹在距刃口较远的侧面上产生,使光亮带缩小。圆角和断裂斜度都较大,毛刺大而厚,不易去除。

2. 冲裁间隙对尺寸精度的影响

冲裁件的尺寸精度是指冲裁件的实际尺寸与公称尺寸的差值。这个差值包含两方面的偏差,即冲裁件相对于凸模或凹模尺寸的偏差和模具本身的制造偏差。

冲裁件相对于凸模或凹模尺寸的偏差主要是工件从凹模内推出或从凸模上卸下时,由于材料在冲裁过程中受到的挤压、拉伸及拱曲产生弹性恢复而形成的。另外,凸模、凹模在冲裁力作用下发生弹性变形及磨损,也使冲裁件的尺寸发生偏差,这个偏差可能为正,也可为负。其影响因素有冲裁间隙,材料的性质、厚度,轧制方向,零件的尺寸与形状,等等,其中冲裁间隙是主要的影响因素。

冲裁间隙过大,冲裁时拉伸变形大,冲裁后的弹性恢复使落料尺寸缩小,冲孔孔径变大;冲裁间隙过小,材料受压缩变形,冲裁后的弹性恢复使孔的尺寸变小,落料尺寸增大。

此外,冲裁间隙不合理还会造成冲裁件拱曲,使冲裁件不能保持平整。

在测量冲裁件与凸模、凹模尺寸的偏差时,落料件以凹模为基准,冲孔件以凸模为基准。

落料偏差 δ 计算:
$$\delta = 落料件的实际尺寸 - 实测凹模内径$$

冲孔偏差 δ' 计算:
$$\delta' = 孔的实际尺寸 - 实测凸模外径$$

2.3.2 冲裁间隙对冲裁力的影响

冲裁力是指冲裁过程中的最大抗力,是实现冲裁工序所需的力。总体而言,冲裁间隙减小,冲裁力增大,如图 2-8 所示。

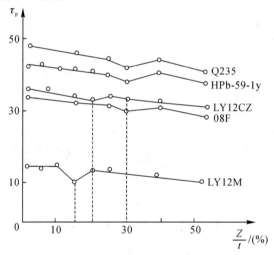

图 2-8 冲裁力 τ_p 与相对间隙 $\frac{Z}{t}$ 的实验曲线

注:t 为材料厚度。

冲裁间隙减小时,材料所受弯矩较小,从而使拉伸应力降低,挤压应力增加,材料不易被拉裂,故冲裁力增大。另外,冲裁间隙对卸料力和推件力亦有影响。冲裁间隙增大后,从凸模上卸料或从凹模孔中推件都将省力。合理的冲裁间隙一般为 $(10\%\sim30\%)t$。

2.3.3 冲裁间隙对模具寿命的影响

冲裁模具的寿命通常以保证获得合格产品时的冲裁次数来表示,有两种表示方法:一种是两次刃磨间的寿命;一种是反复刃磨和更换易损件,直至模具失效的总寿命。

冲裁模具失效的形式通常有磨损、崩刃、弯曲、折断、凹模胀裂等,如图 2-9 所示。冲裁间隙主要影响冲裁模具的磨损和凹模的胀裂,是影响模具寿命的主要因素。凸模和凹模的磨损分为端面磨损和侧面磨损,如图 2-10 所示。

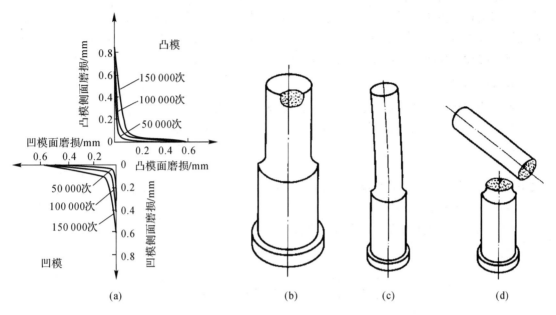

被加工材料为硅钢板,厚 0.5 mm。

图 2-9 冲裁模具失效形式

(a)磨损;(b)崩刃;(c)弯曲;(d)折断

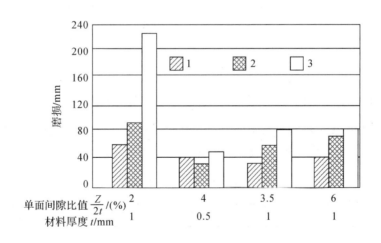

图 2-10 冲裁间隙对刃口磨损的影响

1—凸模面磨损;2—凹模面磨损;3—凸模侧面磨损

注:冲裁条件为无压板;模具材料为 N02080(锰钢);淬火硬度为 59HRC;

形状为 φ8mm 圆形凸模;被加工材料为软钢板,厚 1 mm。

2.3.4 冲裁间隙的确定

考虑到模具的制造偏差及使用中的磨损,通常选择一个适当的范围作为合理冲裁间隙。这个范围的最小值称为最小合理冲裁间隙 Z_{min},最大值称为最大合理冲裁间隙 Z_{max}。模具在使用过程中,磨损会使冲裁间隙增大,故在设计与制造模具时采用最小合理冲裁间隙 Z_{min}。确定合理冲裁间隙的方法有理论确定法和经验选用法。

1.理论确定法

理论确定法的主要依据是保证上、下剪切裂纹的重合。

从图 2-11 的几何关系可得出计算合理冲裁间隙的公式:

$$Z = 2(t - h_0)\tan\beta = 2t\left(1 - \frac{h_0}{t}\right)\tan\beta \tag{2-1}$$

式中:h_0 ——产生裂纹时的凸模压入深度(mm);

t ——材料厚度(mm);

β ——最大剪应力方向与垂线间夹角(°)。

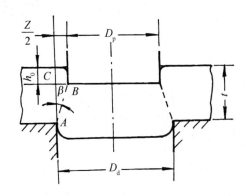

图 2-11 合理冲裁间隙的确定

由式(2-1)可看出,$Z = f\left(t, \frac{h_0}{t}, \beta\right)$,而 $\frac{h_0}{t}$、β 又与材料的性质有关(见表 2-1)。因此,影响冲裁间隙的主要因素是材料的性质和厚度。材料愈硬、愈厚,合理冲裁间隙值愈大。由于理论确定法在生产中使用不方便,故目前广泛采用的是经验数据。

表 2-1 $\frac{h_0}{t}$ 与 β 的值

材 料	h_0/t		β	
	退火	硬化	退火	硬化
软钢、紫铜、软黄铜	0.5	0.35	6	5
中硬钢、硬黄铜	0.3	0.2	5	4
硬钢、硬青铜	0.2	0.1	4	4

2. 经验选用法

根据研究与实际生产经验,冲裁间隙可按使用要求分类查表确定。

1)选用较小冲裁间隙

选用较小冲裁间隙适用于尺寸精度、断面质量要求高的制件(见表 2-2)。这时冲裁力与模具寿命作为次要因素考虑。

表 2-2　冲裁模初始冲裁间隙 Z　　　　　单位:mm

板料厚度 t	软　铝		紫铜、黄铜、含碳0.08%~0.2%的软钢		杜拉铝、含碳0.3%~0.4%的中等硬钢		含碳0.5%~0.6%的硬钢	
	Z_{min}	Z_{max}	Z_{min}	Z_{max}	Z_{min}	Z_{max}	Z_{min}	Z_{max}
0.2	0.008	0.012	0.010	0.014	0.012	0.016	0.014	0.018
0.3	0.012	0.018	0.015	0.021	0.018	0.024	0.021	0.027
0.4	0.016	0.024	0.020	0.028	0.024	0.032	0.028	0.036
0.5	0.020	0.030	0.025	0.035	0.030	0.040	0.035	0.045
0.6	0.024	0.036	0.030	0.042	0.036	0.048	0.042	0.054
0.7	0.028	0.042	0.035	0.049	0.042	0.056	0.049	0.063
0.8	0.032	0.048	0.040	0.056	0.048	0.064	0.056	0.072
0.9	0.036	0.054	0.045	0.063	0.054	0.072	0.063	0.081
1.0	0.040	0.060	0.050	0.070	0.060	0.080	0.070	0.090
1.2	0.050	0.084	0.072	0.096	0.084	0.108	0.096	0.120
1.5	0.075	0.105	0.090	0.120	0.105	0.135	0.120	0.150
1.8	0.090	0.126	0.108	0.144	0.126	0.162	0.144	0.180
2.0	0.100	0.140	0.120	0.160	0.140	0.180	0.160	0.200
2.2	0.132	0.176	0.154	0.198	0.176	0.220	0.198	0.242
2.5	0.150	0.200	0.175	0.225	0.200	0.250	0.225	0.275
2.8	0.168	0.224	0.196	0.252	0.224	0.280	0.252	0.308
3.0	0.180	0.240	0.210	0.270	0.240	0.300	0.270	0.330
3.5	0.245	0.215	0.280	0.350	0.315	0.385	0.350	0.420
4.0	0.280	0.360	0.320	0.400	0.360	0.440	0.400	0.480
4.5	0.315	0.405	0.360	0.450	0.405	0.490	0.450	0.540
5.0	0.350	0.450	0.400	0.500	0.450	0.550	0.500	0.600
6.0	0.480	0.600	0.540	0.660	0.600	0.720	0.660	0.780
7.0	0.560	0.700	0.630	0.770	0.700	0.840	0.770	0.910
8.0	0.720	0.880	0.800	0.960	0.880	1.040	0.960	1.120
9.0	0.870	0.990	0.900	1.080	0.990	1.170	1.080	1.260
10.0	0.900	1.100	1.000	1.200	1.100	1.300	1.200	1.400

注:1. 初始冲裁间隙的最小值相当于冲裁间隙的公称数值。

　　2. 初始冲裁间隙的最大值是考虑到凸模和凹模的制造公差所增加的数值。

　　3. 在使用过程中,由于模具工作部分的磨损,冲裁间隙将有所增加,因此超过表列数值。

2)选用较大冲裁间隙

选用较大冲裁间隙适用于尺寸精度和断面质量要求不高的冲裁件。在满足冲裁件要求的前提下,应以降低冲裁力、延长模具寿命为主,选用较大的冲裁间隙(见表 2-3)。

表 2-3 冲裁模初始冲裁间隙 Z 单位:mm

板料厚度 t	08、10、35、Q295、Q235A 钢		Q345 钢		40、50 钢		65Mn 钢	
	Z_{min}	Z_{max}	Z_{min}	Z_{max}	Z_{min}	Z_{max}	Z_{min}	Z_{max}
0.5	0.040	0.060	0.040	0.060	0.040	0.060	0.040	0.060
0.6	0.048	0.072	0.048	0.072	0.048	0.072	0.048	0.072
0.7	0.064	0.092	0.064	0.092	0.064	0.092	0.064	0.092
0.8	0.072	0.104	0.072	0.104	0.072	0.104	0.064	0.092
0.9	0.090	0.126	0.090	0.126	0.090	0.126	0.090	0.126
1.0	0.100	0.140	0.100	0.140	0.100	0.140	0.090	0.126
1.2	0.126	0.180	0.132	0.180	0.132	0.180		
1.5	0.135	0.240	0.170	0.240	0.170	0.240		
1.75	0.220	0.320	0.220	0.320	0.220	0.320		
2.0	0.246	0.60	0.260	0.380	0.260	0.3850		
2.1	0.260	0.380	0.280	0.400	0.280	0.400		
2.5	0.360	0.500	0.380	0.540	0.380	0.540		
2.75	0.400	0.560	0.420	0.600	0.420	0.600		
3.0	0.460	0.640	0.480	0.660	0.480	0.660		
3.5	0.540	0.740	0.580	0.780	0.580	0.780		
4.0	0.640	0.880	0.680	0.920	0.680	0.920		
4.5	0.720	1.000	0.680	0.960	0.780	1.040		
5.5	0.940	1.280	0.780	0.100	0.980	1.320		
6.0	1.080	1.440	0.840	1.200	1.140	1.500		
6.5		0.940	1.300					
8.0		1.200	1.680					

3)综合分类选择冲裁间隙

表 2-4用于综合分类选择冲裁间隙。表 2-4 中:Ⅰ类用于断面质量与尺寸精度要求

较高,但模具寿命可偏短的情况;Ⅱ类用于断面质量与尺寸精度要求一般,模具寿命适中的情况;Ⅲ类用于断面质量与尺寸精度要求不高,但制品产量大,要求模具寿命长的情况。

表 2-4　冲裁单面冲裁间隙比值 $\frac{Z}{2t}\times100$　　　　　　单位:mm

材　料	$\frac{Z}{2t}\times100$		
	Ⅰ	Ⅱ	Ⅲ
低碳钢 08F,10F,10,20,Q235,B2 硬铝 2A12	3.0~7.0	7.0~10.0	10.0~12.5
中碳钢 45 不锈钢 1Cr18Ni9Ti,4Cr13 膨胀合金(可伐合金)4J29	3.5~8.0	8.0~11.0	11.0~15.0
硅钢	2.5~5.0	50.~9.0	

2.4　凸模与凹模刃口尺寸计算

凸模、凹模刃口尺寸是凸模和凹模上直接确定冲裁件轮廓形状和尺寸的尺寸。凸模、凹模刃口的尺寸和公差,直接影响冲裁件的尺寸精度,合理的冲裁间隙也需要它来保证。

从生产实践中可以发现:

(1)由于凸模和凹模之间存在冲裁间隙,落下的料或冲出的孔都带有锥度。另外,在冲裁过程中落料件的大端尺寸(光亮带)等于凹模尺寸,冲孔件的小端尺寸(光亮带)等于凸模尺寸。

(2)在测量与使用中,落料件外径(被包容尺寸)以大端尺寸为基准,冲孔件孔径(包容尺寸)以小端尺寸为基准。

(3)冲裁时,凸模与凹模要与工件或废料发生摩擦,摩擦会使凸模尺寸变小,凹模尺寸变大,故冲裁间隙总是增大的。

2.4.1　凸模、凹模刃口尺寸的计算原则

结合生产实践得到的规律,确定凸模、凹模刃口尺寸的计算原则如下。

1.基准件工件尺寸接近原则

1)基准件选择

设计落料模时,应以凹模尺寸为基准,靠缩小凸模尺寸获得间隙;设计冲孔模时,应以凸模尺寸为基准,靠扩大凹模尺寸获得冲裁间隙。

2)尺寸确定

根据冲裁模具在使用过程中的磨损规律:凹模的磨损使落料件轮廓尺寸增大,故设计落料模时,必须使凹模内径的基本尺寸接近或等于工件的最小极限尺寸;凸模的磨损使冲孔件孔径尺寸减小,故设计冲孔模时,必须使凸模外径接近或等于工件的最大极限尺寸。

2．初始设计取最小合理冲裁间隙原则

无论是落料或冲孔，模具经磨损后，其冲裁间隙总是增大的，为了使模具在合理冲裁间隙范围内有较大的磨损量，新模具应取最小合理冲裁间隙值。

3．公差原则

凸模、凹模精度比工件高 2～4 级。模具精度与冲裁件精度关系见表 2－5。

表 2－5　模具精度与冲裁件精度关系

模具精度	冲裁件精度											
	材料厚度 t/mm											
	0.5	0.8	1.0	1.5	2	3	4	5	6	8	10	12
IT6～IT7	IT8	IT8	IT9	IT10	IT10							
IT7～IT8		IT9	IT10	IT10	IT12	IT12	IT12					
IT9	IT12	IT12	IT12	IT12	IT12	IT14	IT14	IT14	IT14			

2.4.2　刃口尺寸的计算方法

根据模具加工和测量方法的不同，模具刃口尺寸的计算方法分为以下两类。

1．凸模与凹模分别加工时尺寸与公差的确定

形状简单的凸模、凹模(如圆形、矩形)通常采用分别加工的方法来制造。

分别加工是指凸模和凹模分别按各自图纸规定的技术要求、尺寸和公差单独进行加工，加工后模具冲裁间隙完全靠加工出来的尺寸和公差保证。为此，必须在凸模、凹模图纸上分别标注刃口尺寸和制造公差。

凸模与凹模分别加工的优点：凸模与凹模具有互换性，便于模具成批制造，适用于工件的大量生产。其缺点：为了保证合理冲裁间隙，需要较高的制模公差等级，模具制造困难，加工成本高。

采用分别加工方法制造凸模、凹模时，凸模、凹模的制造公差 δ_p 和 δ_d 必须满足以下不等式：

$$\delta_p + \delta_d \leqslant Z_{max} - Z_{min} \tag{2-2}$$

落料件尺寸标注为 $D_{-\Delta}^{0}$，则落料模具刃口尺寸计算公式为落料时各部分分配位置如图 2-12 所示。

$$D_d = (D_{max} - x\Delta)_0^{+\delta_d} \tag{2-3}$$

$$D_p = (D_{max} - x\Delta - Z_{min})_{-\delta_p}^{0} \tag{2-4}$$

冲孔时各部分分配位置如图 2-13 所示。

冲孔件尺寸标注为 $d_0^{+\Delta}$，冲孔模具刃口尺寸计算公式为

$$d_p = (d_{min} + x\Delta)_{-\delta_p}^{0} \tag{2-5}$$

$$d_d = (d_{min} + x\Delta + Z_{min})_0^{+\delta_d} \tag{2-6}$$

孔心距尺寸为

$$l_d = C \pm 0.25\frac{\Delta}{2} \tag{2-7}$$

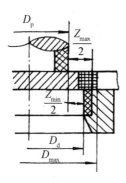

图 2 - 12 落料时各部分分配位置

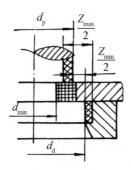

图 2 - 13 冲孔时各部分分配位置

当不满足式(2 - 2)时,分配方法如下:

$$\left.\begin{array}{l} \delta_p = 0.4(Z_{max} - Z_{min}) \\ \delta_d = 0.6(Z_{max} - Z_{min}) \end{array}\right\} \qquad (2 - 8)$$

式(2 - 2)~式(2 - 8)中:D_d——落料凹模的基本尺寸(mm);

$\quad\quad\quad\quad\quad$ D_p——落料凸模的基本尺寸(mm);

$\quad\quad\quad\quad\quad$ D_{max}——零件的最大极限尺寸(mm);

$\quad\quad\quad\quad\quad$ d_p——冲孔凸模的基本尺寸(mm);

$\quad\quad\quad\quad\quad$ d_d——冲孔凹模的基本尺寸(mm);

$\quad\quad\quad\quad\quad$ d_{min}——冲孔件孔的最小极限尺寸(mm);

$\quad\quad\quad\quad\quad$ l_d——同一工位凹模孔心距基本尺寸(mm);

$\quad\quad\quad\quad\quad$ C——零件孔心距的公称尺寸(mm);

$\quad\quad\quad\quad\quad$ Δ——零件公差(mm);

$\quad\quad\quad\quad\quad$ Z_{min}——凸模、凹模间的最小合理冲裁隙(mm);

$\quad\quad\quad\quad\quad$ δ_d——凹模制造公差(mm);

$\quad\quad\quad\quad\quad$ δ_p——凸模制造公差(mm);

$\quad\quad\quad\quad\quad$ $x\Delta$——磨损量,其中,x 为与冲裁件制造精度有关的系数,其值在 0.5~1 之间,可按表 2 - 6 查取。

表 2-6 系数 x

材料厚度	非圆形			圆形	
t/mm	1	0.75	0.5	0.75	0.5
	工件公差 Δ/mm				
1	<0.16	0.17~0.35	≥0.36	<0.16	≥0.16
1~2	<0.20	0.21~0.41	≥0.42	<0.20	≥0.20
2~4	<0.24	0.25~0.49	≥0.50	<0.24	≥0.24
>4	<0.30	0.31~0.59	≥0.60	<0.30	≥0.30

2.凸模与凹模配合加工时尺寸与公差的确定

对于形状复杂的或薄材料的冲裁件,为保证凸模、凹模之间的冲裁间隙,并使其分布均匀,必须采用配合加工的方法来制造。这种方法是:先加工好凸模(或凹模),并将其作为基准件,然后以此基准件为标准加工凹模(或凸模),使二者保持一定的冲裁间隙。对于这种情况,只需在作为基准件的凸模(或凹模)图纸上标注尺寸与制造公差,而在另一件模具图纸上标注公称尺寸及冲裁间隙数值,并注明"××尺寸按凸模(或凹模)配作,保证双边冲裁间隙××"即可。

凸模与凹模配合加工的优点是基准件的制造公差不再受冲裁间隙的限制。这样不仅容易保证凸模和凹模很小的冲裁间隙,而且还可以放大基准件的制造公差,使模具容易制造。

1)落料

落料模具应以凹模为基准,然后配作凸模。如图 2-14 所示,冲裁此类零件的凹模磨损情况分为三类,故凹模刃口尺寸也要分为三种情况进行计算。

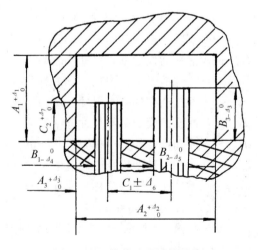

图 2-14 落料尺寸计算示意

(1)凹模磨损后变大的尺寸为

$$A_{id} = (A_{max} - x\Delta)^{+\delta_d}_0 \qquad (2-9)$$

(2)凹模磨损后变小的尺寸为

$$B_{id} = (B_{min} + x\Delta)_{-\delta_d}^{0} \qquad (2-10)$$

(3)凹模磨损后没有增减的尺寸如下：

按照尺寸标注不同,分为三种情况：

a. 当零件尺寸为 $C_{0}^{+\Delta}$ 时,有

$$C_{id} = (C + 0.5\Delta) \pm \delta_d \qquad (2-11a)$$

b. 当零件尺寸为 $C_{-\Delta}^{0}$ 时,有

$$C_{id} = (C - 0.5\Delta) \pm \delta_d \qquad (2-11b)$$

c. 当零件尺寸为 $C \pm \Delta$ 时,有

$$C_{id} = C \pm \delta_d \qquad (2-11c)$$

式中：A_{id} ——落料凹模磨损后尺寸增大部位的基本尺寸(mm)；

$\quad\ B_{id}$ ——落料凹模磨损后尺寸缩小部位的基本尺寸(mm)；

$\quad\ C_{id}$ ——落料凹模磨损后尺寸保持不变部位的基本尺寸(mm)；

$\quad\ A_{max}$——尺寸标注为 $A_{-\Delta}^{0}$ 部位的最大极限尺寸,$A_{max} = A$ (mm)；

$\quad\ B_{min}$——尺寸标注为 $B_{0}^{+\Delta}$ 部位的最小极限尺寸,$B_{min} = B$ (mm)；

$\quad\ C$ ——与 C_{id} 对应部位的落料件的公称尺寸(mm)；

$\quad\ \Delta$ ——零件公差(mm)；

$\quad\ \delta_d$ ——凹模制造公差(mm)：当标注形式为 $+\delta_d(-\delta_d)$ 时,$\delta_d = \dfrac{\Delta}{4}$,当标注形式为

$\quad\quad \pm \delta_d$ 时,$\delta_d = \dfrac{\Delta}{8}$。

落料用的凸模刃口尺寸按凹模尺寸配制,并保证最小冲裁间隙 Z_{min}。此时,需在图纸上注明"凸模尺寸按凹模实际尺寸配制,并保证双边冲裁间隙为 $Z_{min} \sim Z_{max}$"。

2)冲孔

如图 2-15 所示,对冲孔凸模刃口尺寸也分为三种情况进行计算。

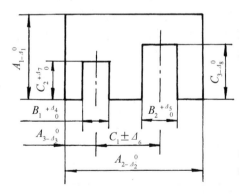

图 2-15 冲孔尺寸计算示意

(1)凸模磨损后变小的尺寸为

$$A_{ip} = (A_{min} + x\Delta)_{-\delta_p}^{0} \qquad (2-12)$$

(2)凸模磨损后变大的尺寸为

$$B_{ip} = (B_{max} - x\Delta)^{+\delta_p}_{0} \qquad (2-13)$$

(3)凸模磨损后没有增减的尺寸按照尺寸标准不同,分为三种情况:

凸模磨损后没有增减的尺寸为:

a. 当零件(孔)尺寸为 $C^{+\Delta}_{0}$ 时:

$$C_{ip} = (C + 0.5\Delta) \pm \delta_p \qquad (2-14a)$$

b. 当零件(孔)尺寸为 $C^{0}_{-\Delta}$ 时:

$$C_{ip} = (C - 0.5\Delta) \pm \delta_p \qquad (2-14b)$$

c. 当零件(孔)尺寸为 $C \pm \Delta$ 时:

$$C_{ip} = C \pm \delta_p \qquad (2-14c)$$

式中:A_{ip} ——冲孔凸模磨损后尺寸缩小部位的基本尺寸(mm);

$\quad B_{ip}$ ——冲孔凸模磨损后尺寸增大部位的基本尺寸(mm);

$\quad C_{ip}$ ——冲孔凸模磨损后尺寸保持不变部位的基本尺寸(mm);

$\quad A_{min}$ ——尺寸标注为 $A^{+\Delta}_{0}$ 部位的最小极限尺寸,$A_{min} = A$(mm);

$\quad B_{max}$ ——尺寸标注为 $B^{0}_{-\Delta}$ 部位的最大极限尺寸,$B_{max} = B$(mm);

$\quad C$ ——与 C_{ip} 对应部位的孔的公称尺寸(mm);

$\quad \Delta$ ——孔的公差(mm);

$\quad \delta_p$ ——凸模制造公差(mm),当标注形式为 $+\delta_d(-\delta_d)$ 时,$\delta_d = \dfrac{\Delta}{4}$,当标注形式为

$\quad\quad \pm \delta_d$ 时,$\delta_p = \dfrac{\Delta}{4}$。

冲孔所用的凹模刃口尺寸按凸模尺寸配制,并保证最小冲裁间隙 Z_{min}。此时,需在图纸上注明"凹模尺寸按凸模实际尺寸配制,并保证双边冲裁间隙为 $Z_{min} \sim Z_{max}$"。

2.5 冲 裁 力

冲裁力是冲裁时板料阻止凸模向下运动的阻力,即阻止凸模切入板料的阻力。冲裁力是指冲裁过程中的最大抗力,也就是冲裁力-凸模行程曲线的峰值(见图 2-16),是选择设备(冲床)吨位和校核模具强度的重要依据。影响冲裁力的因素很多,主要有材料的机械性能、板料厚度,冲裁件周边长度,模具间隙和刃口锋利程度等。

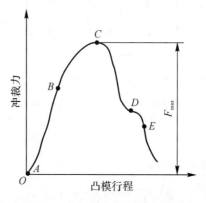

图 2-16 冲裁力-凸模行程曲线

实践证明:当用平刃口普通全钢冲裁模冲裁时,其冲裁力发生于凸模挤入板料约 1/3 料厚处。

2.5.1　冲裁力的计算

平刃模具冲裁时,其冲裁力可按下式计算:

$$P = Lt\tau_{KP} \tag{2-15}$$

式中:L ——冲裁件周长(mm);

s ——板料厚度(mm);

τ_{KP} ——材料抗冲剪强度(MPa),$\tau_{KP} = (0.7 \sim 0.9)\sigma_b$,$\sigma_b$ 为材料抗拉强度。

实际应用中,考虑到模具刃口的磨损,凸模、凹模之间冲裁间隙的不均匀,材料的机械性能不均匀和板料厚度的偏差等因素,实际所需的冲裁力还需增加 30%,即

$$P = 1.3Lt\tau_{KP}$$

2.5.2　卸料力、推件力和顶件力

冲裁结束后,冲下的工件(或废料)沿径向发生弹性变形而扩张,而废料(或工件)上的孔沿径向发生弹性收缩。同时,工件和废料还要力图恢复弹性变形。弹性变形恢复使落料件卡塞在凹模内,冲孔件卡紧在凸模上。

从凸模上卸下零件或废料所需的力称为卸料力,从凹模内将零件或废料顺着冲裁方向推出凹模所需的力称为推件力,逆着冲裁方向从凹模内顶出零件所需的力称为顶件力。

影响这些力的因素很多,主要有材料的机械性能、厚度,冲裁间隙,零件形状与尺寸,润滑条件,模具结构等。这些力通常用以下经验公式计算。

卸料力:

$$P_{卸} = K_{卸} P \tag{2-16a}$$

推件力:

$$P_{推} = nK_{推} P \tag{2-16b}$$

顶件力:

$$P_{顶} = K_{顶} P \tag{2-16c}$$

式中:　　　　n ——同时卡塞在凹模内的零件数,$n = \dfrac{h}{t}$;

h ——圆柱形凹模腔口高度(mm);

t ——板料厚度(mm);

$K_{卸}$、$K_{推}$、$K_{顶}$ ——卸料力系数、推件力系数、顶件力系数通过查表 2-7 确定。

表 2-7　卸料力系数、推件力系数、顶件力系数

	料厚/mm	$K_{卸}$	$K_{推}$	$K_{顶}$
钢	≤0.1	0.065~0.075	0.1	0.14
	0.1~0.5	0.045~0.055	0.063	0.08
	0.5~2.5	0.04~0.05	0.055	0.06
	2.5~6.5	0.03~0.04	0.045	0.05
	6.5	0.02~0.03	0.025	0.03
铝、铝合金		0.025~0.08	0.03~0.07	
紫铜、黄铜		0.02~0.06	0.03~0.09	

注:卸料力系数 $K_{卸}$ 在冲多孔、大搭边和轮廓复杂制件时取上限。

在选择冲床时是否考虑以上这些力,要根据不同的模具结构区别对待。

(1)采用弹性卸料装置并向上顶出制件时,总冲裁力为

$$P_总 = P + P_顶 + P_卸 \tag{2-17a}$$

(2)采用刚性卸料装置并向下推件时,总冲裁力为

$$P_总 = P + P_推 \tag{2-17b}$$

(3)采用弹性卸料装置并向下推件时,总冲裁力为

$$P_总 = P + P_推 + P_卸 \tag{2-17c}$$

2.5.3 降低冲裁力的方法

如果所需的冲裁力超过现有冲床的吨位,就必须采取措施降低冲裁力。降低冲裁力的方法有以下几种。

1)热冲裁

材料加热后,材料的抗冲剪强度明显降低,从而可在很大程度上降低冲裁力。但材料受热后会产生氧化皮,故此法只适用于厚板及对工件表面质量和精度要求不高的零件。

2)阶梯凸模冲裁

在多凸模冲裁时,凸模可采用阶梯形布置,即将凸模设计成不同高度(见图2-17),使各凸模冲裁力的最大值不同时出现,从而降低总的冲裁力。凸模间的高度差取决于材料厚度。

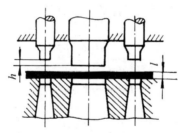

图2-17 阶梯形布置凸模

3)斜刃口冲裁

斜刃口冲裁适用于大型工件和厚板冲裁。采用斜刃口的冲裁时,与斜剪相似,整个刃口不是与工件周边同时接触,而是逐步地冲切材料的,因此显著地降低冲裁力。斜刃口冲裁虽然降低了冲裁力,但给模具制造和修理带来了不少麻烦,刃口也易磨损,故一般情况下尽量少用。

采用斜刃口冲裁时,为了获得平整的工件,落料时凸模应为平刃,把斜刃做在凹模上,这样冲出的工件平整而废料弯曲,如图2-18所示。冲孔时则反之。

斜刃口冲裁的冲裁力可按板料剪切的斜刃口剪切公式计算。

2.5.4 模具压力中心

模具的压力中心是指冲裁时的合力作用点或多工序模各工序冲压力的合力作用点。

为了保证压力机和模具的正常工作,应使模具的压力中心与压力机滑块的中心线相重

合。这主要考虑三种情况,即形状简单的冲裁件、形状复杂的冲裁件和多凸模冲孔模或多工序连续模的情况。

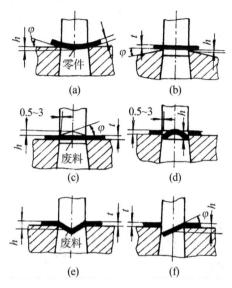

图 2-18 斜刃口冲裁模

(a)(b)落料用;(c)~(e)冲孔用;(f)切口用

2.6 排 样

在冲压零件的总成本中,材料费用占 $60\% \sim 80\%$。因此,材料的经济利用是冲裁工艺中要考虑的一个重要问题。

冲裁件在条料或板料上的布置方法叫排样。排样的合理性直接影响材料的经济利用。衡量排样经济性的标准是材料利用率。

2.6.1 材料的经济利用

材料利用率是冲裁件的实际有效面积 A_0 与冲裁此工件所用板料面积 A 的比值,即

$$\eta = \frac{A_0}{A} \times 100\% \qquad\qquad (2-18)$$

若能减小废料面积,材料利用率则可提高。

废料分为两部分,即工艺废料和结构废料(或称设计废料),如图 2-19 所示。工件之间和工件与条料侧边之间存在的搭边,定位需要切去的料边与定位孔,以及料头和料尾废料,这些材料均为工艺废料。由工件结构形状的需要(如工件内孔的存在)而产生的废料称为结构废料。

工艺废料与排样方式有关;结构废料由零件结构形状决定,无法改变。因此,实现材料经济有效利用的最直接方法就是进行合理排样,减少工艺废料。

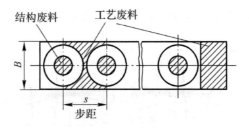

图 2-19　冲裁件的废料

2.6.2　排样方法

根据材料的利用情况，排样方法可分为三种，如图 2-20 所示。

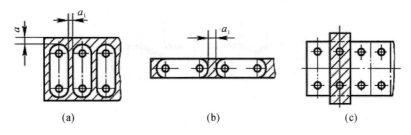

图 2-20　排样方法
(a)有废料排样；(b)少废料排样；(c)无废料排样

1)有废料排样

有废料排样沿工件的全部外形冲裁，工件与工件之间、工件与条料侧边之间都存在搭边废料。

2)少废料排样

少废料排样沿工件部分外形切断或冲裁，仅局部有搭边或余料。

3)无废料排样

无废料排样工件与工件之间，以及工件与条料侧边之间均无搭边废料，条料以直线或曲线的切断而得到工件，与工件的几何形状有很大关系。

有废料排样可以保证冲裁质量，模具寿命也长，但材料利用率低。采用少、无废料排样节约材料，简化模具，降低冲裁力，但其工件质量和精度较差(条料本身公差及冲裁时条料的导向与定位误差较大)，模具寿命较短。

此外，按工件外形特征及排样方式，可分为直排、斜排、对排、多排、混合排及冲裁搭边等。

2.6.3　搭边值的确定

在条料上冲裁时，工件之间以及工件与条料侧边之间留下的余料称为搭边。

搭边可以补偿条料送进误差(进距与边距的偏差)，保证冲出合格的工件；保证条料有一定的刚度,利于送进;避免废料丝拉入凸模或凹模的间隙中,以保证模具有足够的寿命。

搭边值的确定需考虑材料的机械性能、工件的尺寸与形状、材料厚度以及送料与挡料方式等因素。

搭边值一般由经验确定,取值可查表 2-8。

表 2-8　普通冲裁的搭边值

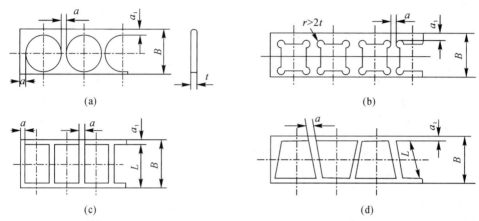

(a)　(b)

(c)　(d)

$(a) \sim (c)$单面直冲的条料(条料不翻转);(d)正反面冲切的条料(条料翻转)

单位:mm

条料厚度 t/mm	圆料冲件或带弧形的冲件 $r > 2t$[见图(a)(b)]				直边冲件						
					$L \leqslant 50$ mm[见图(c)(d)]				$L > 50$ mm[见图(c)(d)]		
	弹压卸料		固定卸料		弹压卸料		固定卸料		弹压卸料		固定卸料
	a	a_1	a	a_1	a	a_1	a	a_1	a	a_1	$a(a_1)$
$\leqslant 0.25$	1.0	1.2	1.2	1.5	1.2	1.5	1.8	2.2	$1.5 \sim 2.5$	$1.8 \sim 2.6$	$2.2 \sim 3.2$
$0.25 \sim 0.5$	0.8	1.0	1.0	1.2	1.0	1.2	1.5	2.0	$1.2 \sim 2.2$	$1.5 \sim 2.5$	$2.0 \sim 3.0$
$0.5 \sim 1$	0.8	1.0	0.8	1.0	1.0	1.2	1.2	1.5	$1.5 \sim 2.5$	$1.8 \sim 2.6$	$1.5 \sim 2.5$
$1 \sim 1.5$	1.0	1.3	1.0	1.2	1.2	1.5	1.2	1.8	$1.8 \sim 2.8$	$2.2 \sim 3.2$	$1.8 \sim 2.8$
$1.5 \sim 2$	1.2	1.5	1.2	1.5	1.5	1.8	1.5	2.0	$2.0 \sim 3.0$	$2.4 \sim 3.4$	$2.0 \sim 3.0$
$2 \sim 2.5$	1.5	1.9	1.5	1.8	1.8	2.2	1.8	2.2	$2.2 \sim 3.2$	$2.7 \sim 3.7$	$2.2 \sim 3.2$
$2.5 \sim 3$	1.8	2.2	1.8	2.0	2.0	2.4	2.2	2.5	$2.5 \sim 3.5$	$3.0 \sim 4.0$	$2.5 \sim 3.5$
$3 \sim 3.5$	2.0	2.5	2.0	2.2	2.2	2.7	2.5	2.8	$2.8 \sim 3.8$	$3.3 \sim 4.3$	$2.8 \sim 3.8$
$3.5 \sim 4$	2.2	2.7	2.2	2.5	2.5	3.0	2.8	3.0	$3.0 \sim 4.0$	$3.5 \sim 4.5$	$3.0 \sim 4.0$
$4 \sim 5$	2.5	3.0	2.5	2.8	3.0	3.5	3.0	3.5	$3.5 \sim 4.5$	$4.0 \sim 5.0$	$3.5 \sim 4.5$
$5 \sim 12$	$0.5t$	$0.6t$	$0.5t$	$0.6t$	$0.6t$	$0.7t$	$0.6t$	$0.7t$	$(0.7 \sim 0.8)t$	$(0.8 \sim 1)t$	$(0.75 \sim 0.9)t$

2.7 冲裁工艺性分析

冲压工艺性是指冲压件对冲压工艺的适应性。相应地,冲裁工艺性就是冲裁件对冲裁工艺的适应性。冲裁件的工艺性对冲裁件质量、材料经济利用率、生产率、模具制造及使用寿命等都有很大影响。冲裁工艺性分析包括技术和经济性两方面的内容。

1)技术方面

根据冲裁件产品图纸,主要分析该冲裁件的形状特点、尺寸、精度要求和材料性能等因素,检查其是否满足冲裁工艺的要求。

2)经济性方面

根据冲裁件的产量与批量,分析产品成本,阐明采用冲裁工艺可取得的经济效益。

因此,对冲裁件的工艺分析,主要讨论在不影响零件使用性能的前提下,结合本单位的生产条件,能否以最简单、最经济的方法将冲裁件制造出来。若能做到,表示该冲裁件的工艺性好;反之则差。具体来说,冲裁件的工艺性分析主要包括以下内容。

2.7.1 形状与尺寸

1)冲裁件的形状

冲裁件的形状应尽可能简单、对称、排样废料少。在许可情况下,把冲裁件设计成少、无废料排样的形状,以利于材料的经济利用。

2)冲裁件的圆角

冲裁件各直线或曲线的连接处,宜有适当的圆角。

3)冲裁件凸出或凹入部分

冲裁件凸出的悬臂和凹入的狭槽不宜太小,其宽度应大于料厚的两倍,如图 2-21(a)所示。

4)冲孔极限尺寸

冲裁时,为了防止凸模折断或弯曲,冲孔尺寸不能太小。

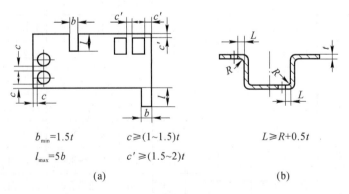

$$b_{min} = 1.5t \qquad c \geqslant (1\sim1.5)t$$
$$l_{max} = 5b \qquad c' \geqslant (1.5\sim2)t$$
$$L \geqslant R + 0.5t$$

(a)   (b)

图 2-21 冲裁件的形状与尺寸

(a)冲裁件凸出与凹入要求;(b)弯曲件上的冲孔要求

5)冲裁件孔边之间的距离

冲裁件的孔与孔或孔与边缘的距离与模具的强度和寿命以及冲裁件的质量有关,其值不宜过小。

6)在弯曲件或拉深件上的冲孔

在弯曲件或拉深件上冲孔时,其孔边与工件直壁之间的距离有要求,如图 2-21(b)所示。

2.7.2　精度和粗糙度

冲裁件的经济公差等级不高于 IT11 级,一般要求落料件公差等级最好低于 IT10 级,冲孔件最好低于 IT9 级。

冲裁件的剪切断面粗糙度与材料塑性、材料厚度、冲裁间隙、刃口锐钝以及冲模结构等有关。当冲裁厚度为 2 mm 以下的金属板料时,其剪切断面粗糙度值 Ra 一般可达 12.5~3.2 μm。

一般冲裁件内、外形所能达到的经济精度、两孔中心距离公差、孔中心与边缘距离尺寸公差、冲裁件的角度偏差值以及剪切断面粗糙度值分别见表 2-9~表 2-11。

表 2-9　冲裁件内外形所能达到的经济精度　　　单位:mm

板料厚度 t	经济精度				
	基本尺寸				
	≤3	3~6	6~10	10~18	18~500
≤3	IT12~IT13			IT11	
1~2	IT14	IT12~IT13			IT11
2~3	IT14			IT12~IT13	
3~5	IT14			IT12~IT13	

表 2-10　两孔中心距离公差　　　单位:mm

材料厚度 t	两孔中心距离公差					
	一般精度(模具)			较高精度(模具)		
	孔距基本尺寸					
	≤50	50~150	150~300	≤50	50~150	150~300
≤1	0.1	0.15	0.2	0.03	0.05	0.08
1~2	0.12	0.2	0.3	0.04	0.06	0.1
2~4	0.15	0.25	0.35	0.06	0.08	0.12
4~6	0.2	0.3	0.40	0.08	0.10	0.15

表 2-11　一般冲裁件剪切断面粗糙度

材料厚度 t /mm	≤1	1~2	2~3	3~4	4~5
剪切断面粗糙度值 Ra /μm	3.2	6.3	12.5	25	50

2.7.3　尺寸标注

冲裁件的尺寸标注应符合冲压工艺要求。图 2-22 是两种不同的尺寸标注方法。其中:标注法图 2-22(a)不合理,原因是两孔距离的偏差会随模具磨损而增大;标注法 2-22(b)则与模具磨损无关。

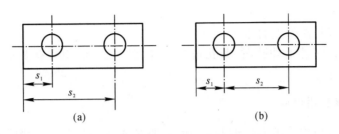

图 2-22　冲裁件尺寸标注
(a)孔距随模具磨损增大；(b)孔距与模具磨损无关

2.7.4　生产批量

冲裁模的制造费用较高，只有在大批量生产时，冲裁才能取得明显的经济效益。一般来说：产量很大时可选用连续模和高效冲压设备，以提高生产率，降低成本；中、小批量生产时，常采用简单模或复合模，以降低模具成本。

2.7.5　其他方面

对冲裁件进行工艺分析时，除了考虑上述的形状、尺寸、精度、尺寸标注和批量生产等主要因素外，还应考虑冲裁件的厚度、板料性能，以及冲裁工序和其他工序（如弯曲、拉深等）之间的关系和相互影响。

2.8　冲　裁　模　具

在冲压生产中，冲裁所用的模具称为冲裁模具。它是冲压生产中不可缺少的工艺装备，良好的模具结构是实现工艺方案的可靠保证。冲压零件的质量和精度，主要取决于冲裁模具的质量和精度。冲裁模具结构的合理性、先进性，又直接影响到生产效率及冲裁模具本身的使用寿命和操作的安全、方便性等。由于冲裁件形状、尺寸、精度和生产批量及生产条件不同，因此冲裁模具的结构类型也不同。

2.8.1　冲裁模具的类型与结构

冲裁模具的种类很多，为了叙述方便，按其工序组合程度分别介绍，主要分为单工序冲裁模、连续模和复合模。

1. 单工序冲裁模

压力机一次冲程只完成一个冲裁工序的模具称为单工序冲裁模。

图 2-23 是导柱式落料模。冲裁模上模、下模的正确位置利用导柱 14 和导套 13 的导向来保证。凸模、凹模在进行冲裁之前，导柱已经进入导套，从而保证了在冲裁过程中凸模 12 和凹模 16 之间间隙的均匀性。

上模座、下模座和导套、导柱装配组成的部件为模架。凹模 16 用内六角螺钉和销钉与下模座 18 紧固并定位。凸模 12 用凸模固定板 5、螺钉、销钉与上模座 11 紧固并定位，凸模背面垫上垫板 8。压入式模柄 7 装入上模座并以止动销 9 防止其转动。

条料沿导料螺钉 2 送至挡料销 3 定位后进行落料。卡在凸模上的边料靠弹性卸料装置进行卸料，弹性卸料装置由卸料板 15、卸料螺钉 10 和弹簧 4 组成。在凸模、凹模进行冲裁工作之前,由于弹簧力的作用,卸料板先压住条料,上模继续下行时进行冲裁,此时弹簧被压缩。上模回程时,弹簧恢复推动卸料板把卡在凸模上的板料卸下。

2.连续模

在一副模具中的不同工位上,完成多道冲压工序。压力机的每一次行程可以冲裁一个或多个零件。

图 2-24 是用导正销定距的冲孔落料连续模。冲孔凸模 3 与落料凸模 4 之间的距离是送料步距。工作时,以始用挡料销限定条料的初始位置,冲第一件上的两个孔。始用挡料销在弹簧作用下复位后,条料再送进一个步距,由固定挡料销进行粗定位,落料时以装在落料凸模上的两个导正销进行精定位。保证零件上的孔与外形的相对位置精度。在落料的同时,在冲孔工位上又冲出了两个孔,这样连续进行冲裁直至条料或带料冲完为止。冲模中导正销与落料凸模的配合为 H7/r6,其连接应保证在修磨凸模时的装拆方便,因此,落料凸模安装导正销的孔是个通孔。导正销头部的形状应有利于在导正时插入已冲的孔中,它与孔的配合应略有间隙。

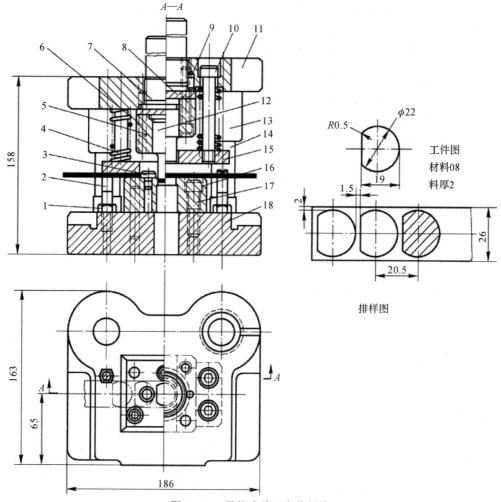

图 2-23 导柱式单工序落料模

1—螺帽;2—导料螺栓;3—挡料销;4—弹簧;5—凸模固定板;6—销钉;7—模柄;8—垫板;9—止动销;
10—卸料螺钉;11—上模座;12—凸模;13—导套;14—导柱;15—卸料板;16—凹模;17—内六角螺钉;18—下模座

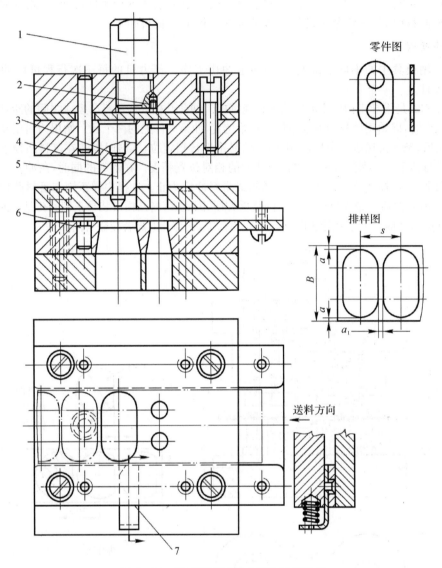

图 2-24　导正销定距的冲孔落料连续模

1—模柄;2—销钉;3—冲孔凸模;4—落料凸模;5—导正销;6—固定挡料销;7—始用挡料销

3.复合模

压力机一次冲程中,在同一工位同时完成数道工序的模具称为复合模。

图 2-25 为冲孔、落料复合模。通过挡料销 12 和挡料销 13 实现板料定位;通过凸凹模 6(作为冲孔凹模)和冲孔凸模 11 完成冲孔。通过凸凹模 6(作为落料凸模)和落料凹模 8 实现落料。通过打杆 1、推板 3 和推杆 4 推出冲孔废料;通过带肩顶杆 10 和顶件块 9 顶出工件;通过卸料螺钉 5、橡胶和卸料板 7 实现板料与凸凹模 6 的分离。

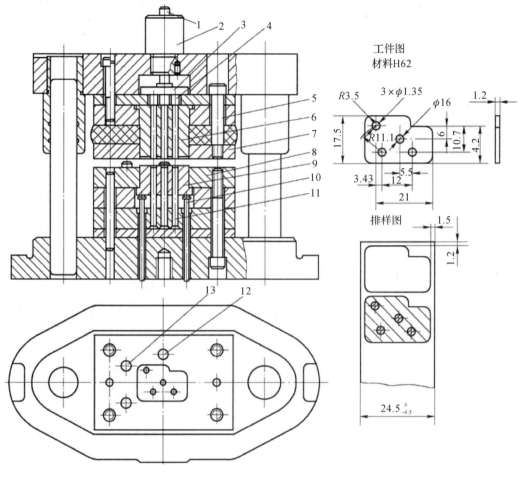

图 2 - 25　正装式复合模

1—打杆;2—模柄;3—推板;4—推杆;5—卸料螺钉;6—凸凹模;7—卸料板;8—落料凹模;
9—顶件块;10—带肩顶杆;11—冲孔凸模;12,13—挡料销

2.8.2　冲裁模具主要零部件的设计

冲裁模具的典型组合是由模架、垫板、凸固定板、凸模、凹模、凹模固定板、导料装置、定位装置、卸料装置及螺钉和销钉等组成。按照功能,这些零件可分为工作零件、定位零件、卸料零件、导向零件和安装固定零件。

1. 工作零件

凸模、凹模是直接使坯料成形的工作零件,因此,它们是模具上的关键零件。凸模、凹模不但精密而且复杂,它们应满足如下要求:应有足够的强度,不能在冲压过程中断裂或破坏;对其材料及热处理应有适当要求,防止硬度太高而脆裂。

1)凸模

圆形凸模已趋于标准化,图 2 - 26 为常用的标准圆形凸模结构形式及其在凸模固定板中的固定方式。为了增加凸模的强度和刚度,凸模常做成圆滑过渡的台阶式,用凸模固定板固定。

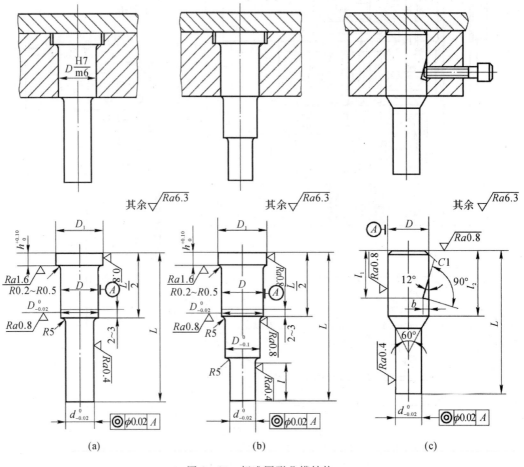

图 2-26　标准圆形凸模结构
(a)A 型圆凸模;(b)B 型圆凸模;(c)快换圆凸模

非圆形凸模(见图 2-27)亦常采用台阶式。非圆形凸模固定部分若设计为圆形时,在结合缝处需加防转销。尺寸较大的凸模可用螺钉、销钉或螺钉与窝座直接固定在模座上,而不需要固定板。小凸模除采用凸模固定板固定外,还可用低熔点合金、无机胶黏剂或环氧树脂等胶接在固定板上。

2)凹模

常用的凹模孔型结构如图 2-28 所示。凹模通常为整体结构,外形多为矩形或圆形,采用螺钉和销钉紧固在模座上,如图 2-29 所示。

为了便于加工、刃磨和更换,小孔或易于磨损的凹模常采用镶拼结构。

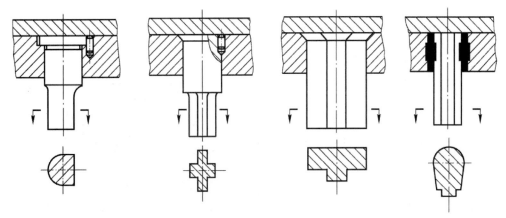

图 2-27　非圆形凸模结构

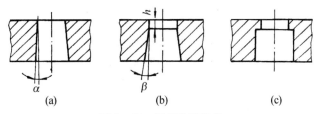

图 2-28　凹模孔型结构

(a)锥形孔口凹模;(b)柱形孔口凹模;(c)筒形孔口凹模

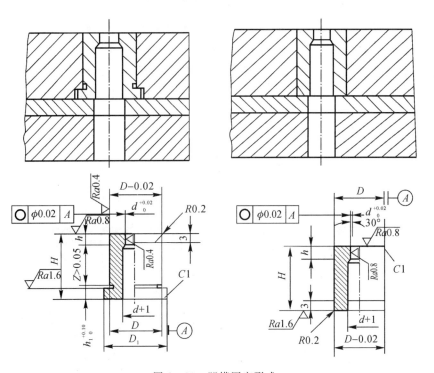

图 2-29　凹模固定形式

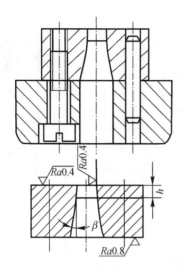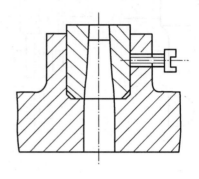

续图 2-29　凹模固定形式

2.定位零件

定位零件的作用是保证板料的正确送进和板料在冲模中的正确位置。定位零件主要包括定位销(板)、挡料销(板)、导正销、导料板、定距侧刃、侧压器等。设计定位零件时应考虑操作方便,不应有过定位,位置要便于观察,最好采用前推定位、外廓定位和导正销定位等。

定位包括控制送料步距定位(称为挡料)和垂直于送料方向上的定位(称为导料),如图 2-30 所示。挡料销的作用是限定条料的送进距离,分为固定挡料销和活动挡料销两类。活动挡料销形式如图 2-31 所示。导正销主要用于连续模,其作用是保证冲裁件内孔与外缘相对位置的精度。

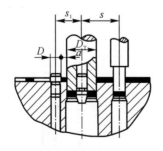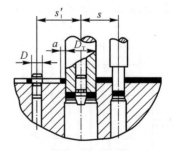

图 2-30　挡料销与导正销

侧刃用于控制条料的步距精度,其作用与挡料销相同。侧刃形式如图 2-32 所示。
导料板沿条料进给方向安装在凹模型孔两侧,与凹模中心线平行。

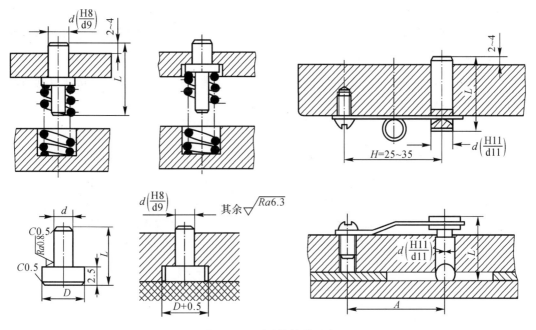

图 2 - 31 活动挡料销形式

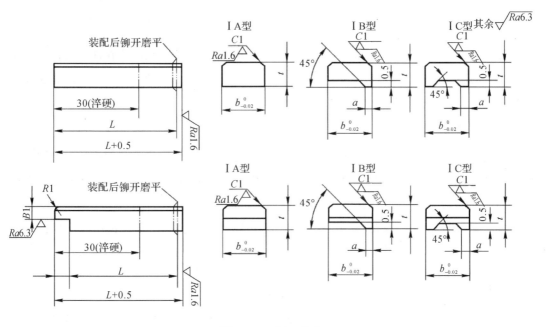

图 2 - 32 侧刃形式

3.卸料零件

卸料零件有固定卸料板、弹性卸料板和废料切刀等形式。

固定卸料板结构简单,卸料力大,适用于厚度 $t \geqslant 0.8$ mm 的工作冲裁,一般安装于凹模与导板上。弹性卸料板由弹簧(或橡胶)和卸料螺栓组成,其卸料力较小,一般用于材料厚度 $t \leqslant 1.5\ mm$ 的冲裁。卸料板外形尺寸与凹模尺寸一致,卸料孔型与凸模外形一致并留有间隙,双边间隙值根据材料厚度确定。废料切刀装于拉深件凸缘切边模上用于割断整圈切边废料以利清除的切刀和装于压力机或模具上用于将条(带、卷)状废料按定长切断以利清除的切刀两种。废料切刀具体形式如图 2-33 所示。

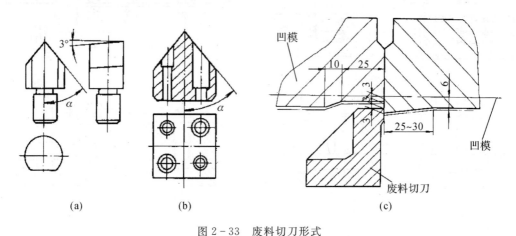

图 2-33　废料切刀形式

(a)圆形废料切刀;(b)矩形废料切刀;(c)镶块式废料切刀

4.导向零件

导柱和导套是应用最广泛的一种导向零件,其作用是保证凸模、凹模在冲压工作时有精确的配合间隙。因此,导柱、导套的间隙应小于冲裁间隙。导柱设在下模座,要保证在冲程下死点时,导柱的上端面在上模板底面以上最少 5 mm。

5.安装固定零件

上模座、下模座、模柄、凸凹模固定板、垫板、限位器、螺钉和销钉等是常见的安装固定零件。上模座、下模座是冲模的基础零件,其他零件都分别安装固定在上面。模座的平面尺寸,尤其是前后方向应与制件相适应,过大或过小均不利于操作。

冲压模具的标准件(螺钉、螺母、弹簧、柱销、垫圈等)用量较大,设计选用时应保证紧固和弹性顶出的需要,避免紧固件暴露在表面操作位置上,防止碰伤人手和妨碍操作。

2.8.3　条料宽度的确定

排样方式与搭边值确定以后,就可以确定条料的宽度(B)(见图 2-34)和步距(L)。

步距是每次冲裁时将条料送入模具的距离。步距的计算与排样方式有关。另外,步距也是模具设计时决定挡料销位置的依据。

条料宽度的确定与模具是否采用侧压装置或侧刃有关。

确定条料宽度的原则如下:

(1)最小条料宽度要保证冲裁时工件周边有足够的搭边值,以免冲出废料。

(2)最大条料宽度要保证条料顺利地在导料板之间送进,并与导料板之间有一定的间隙。

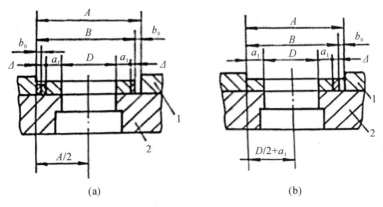

图 2-34 条料宽度的确定

(a)无侧压装置;(b)有侧压装置

a. 无侧压装置时的条料宽度为

$$B_{-\Delta} = [D + 2(a_1 + \Delta) + B_0]_{-\Delta}^0 \tag{2-19a}$$

b. 有侧压装置时的条料宽度为

$$B_{-\Delta} = (D + 2a_1 + \Delta)_{-\Delta}^0 \tag{2-19b}$$

c. 有侧刃时的条料宽度为

$$B_{-\Delta} = (D + 2a_1 + n \cdot C)_{-\Delta} \tag{2-19c}$$

2.9　其他冲裁方法

除了普通冲裁方法以外,由于生产条件、产量、冲裁件尺寸和精度要求等方面的不同,因此还可采用其他冲裁方法。

2.9.1　橡胶模冲裁

这种冲裁方法是用普通橡胶或聚氨酯橡胶作为凸模(或凹模)冲裁零件。如图 2-35 所示,聚氨酯橡胶模对板料进行冲裁时,容框内的聚氨酯处于封闭状态:它受压缩后,具有液体的静压性,各方向所产生的压强是相等的;当它向周围释放弹性压力时,迫使材料沿金属凸模或凹模周边产生弯曲和拉伸。在拉力和剪力复合作用下,当应力超过材料剪切强度时,便产生断裂分离,从而获得合格的工件。

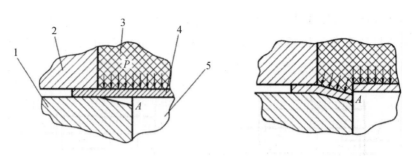

图 2 - 35　聚氨酯橡胶冲裁过程

1—卸料板；2—容框；3—聚氨酯橡胶；4—板料；5—凸模

用聚氨酯橡胶模冲裁时：落料外形尺寸由金属凸模保证，凹模使用聚氨酯；冲孔尺寸由金属凹模保证，凸模使用聚氨酯。

聚氨酯橡胶模冲裁能够保证：模具极小的间隙及其分布的均匀性；当冲裁件厚度 $t \leqslant 0.5$ mm时，冲裁件数在 10 000 件以下；断面质量要求低。

2.9.2　锌基合金模冲裁

用锌基合金模落料时，凸模一般仍用钢制，凹模用锌基合金按照凸模浇注或挤压而成。锌基合金模落料过程如图 2 - 36 所示。冲孔时，凹模仍用钢制，凸模按照凹模浇注而成。落料时，由于凸模、凹模之间的硬度差，落料时凹模刃口形成圆角，应力集中较小，因此，初始裂纹只能在锋利的凸模刃口处产生，一直向下扩展，待到凹模刃口处刚刚开始产生裂纹，还来不及扩展时，上方裂纹已扩展至此，与之相迎，导致板料分离。这一冲裁过程与钢模普通冲裁不同，称为"单向裂纹扩展分离"。

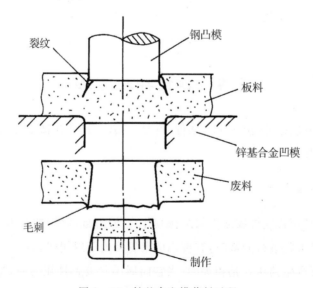

图 2 - 36　锌基合金模落料过程

锌基合金模的冲裁件厚度 0.2 mm$\leqslant t \leqslant 3$ mm，冲裁件数在 10 000 件以上，断面质量要求低。

2.9.3 精密冲裁

精密冲裁(简称精冲)是在普通冲裁的基础上发展起来的一种精密冲压加工工艺。它虽然与普通冲裁同属于分离工艺,但是包含特殊工艺参数的加工方法。由它生产的零件也具有不同的质量特征。特别是在精冲与冷成形(如弯曲、拉深、翻边、镦挤、压沉孔、半冲孔和挤压等)加工工艺相结合后,精冲零件已在许多领域(如汽车、摩托车、电子工业等)取代以前由普通冲裁、机加工、锻造、铸造和粉末冶金加工的零件,因而发挥出其巨大的技术优势,并具有较高的经济效益。

1. 精冲机理

精冲模具的特点为:采用齿圈压板,冲裁间隙极小,凸(凹)模刃口略带小圆角,采用反压力顶件。普通冲裁与精密冲裁区别如图 2 - 37 所示。

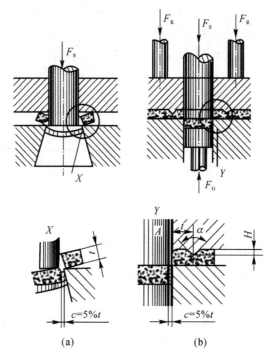

图 2 - 37 普通冲裁与精密冲裁的区别
(a)普通冲裁;(b)精密冲裁

精冲之所以能获得精密冲裁件,其根本原因是使材料在冲裁过程中处于三向压应力状态,从而提高材料的塑性变形能力,抑制裂纹的产生,并可以接近简单剪切方式冲断毛坯,避免了普通冲裁的撕裂现象。

要实现剪切变形区在凸模冲裁板料之前处于三向受压状态,精冲模具工作部分必须实现冲裁力、齿圈压板力和反向顶压力按一定顺序分别施压(见图 2 - 38),且压力大小可调。

减小凸模、凹模之间的间隙和采用小圆角刃口可以抑制裂纹出现,并加强三向压应力效果。

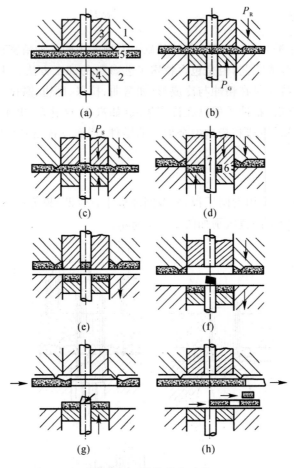

图 2-38　精密冲裁过程

1—齿圈压板；2—凹模(落料)；3—凸凹模；4—顶板；5—板料；6—零件；7—冲孔废料

(a)模具初始位置；(b)齿圈压入；(c)冲裁；(d)冲裁过程结束；(e)模具开启；

(f)卸出冲孔废料；(g)顶出零件及卸出带料；(h)推出零件和废料,向前送料

精冲时,凸模、凹模之间的双边间隙一般取料厚的 1%,且必须分布均匀。落料时,凸模刃口保持锋利,凹模刃口制出小圆角。冲孔时,则反之。

常用的齿圈压板齿形有两种形式,如图 2-39 所示。其尺寸根据被加工材料的种类、厚度及冲裁件轮廓尺寸,查表确定。

一般情况下,4 mm 以下的材料仅在齿圈压板上作出齿形,大于 4 mm 的材料为了提高凹模刃口附近材料的静水压力,在凹模上也制出齿圈。

2.适用于精冲的材料

为了保证精冲零件的断面质量、尺寸精度和模具寿命等要求,对精冲用材料有一定要求:具有良好的塑性变形性能,冷作硬化的变化率要比较小,有良好的组织结构。

3．精冲零件的结构工艺性

精冲零件的结构工艺性主要是对精冲零件的孔径、孔距、边距、槽宽和壁厚有一定的限制。

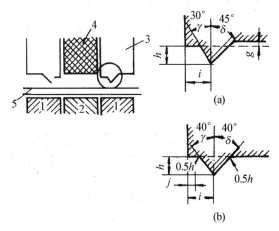

图 2-39　齿圈压板齿形

1—凹模；2—推件；3—齿圈压板；4—凸模板（或反向压板）；5—被加工材料
(a)齿形结构 1；(b)齿形结构 2

习　　题

1．分析冲裁变形过程。

2．冲裁件的断面具有怎样的特征？这些断面特征又是如何形成的？

3．分析冲裁间隙对断面质量、冲裁力和尺寸精度的影响。

4．冲裁模寿命是如何表示的？分析冲裁间隙对其影响。

5．说明冲裁模刃口尺寸计算原则，并结合原则写出分别加工时，凸模、凹模刃口尺寸计算公式。

6．变压器上的硅钢片如图 2-40 所示，确定落料凸模、凹模刃口尺寸（厚度为 1.0 mm）。

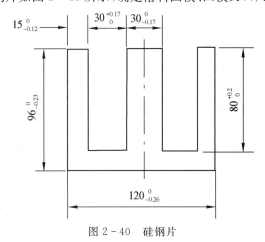

图 2-40　硅钢片

7. 降低冲裁力的方法有哪些？

8. 正确排样的意义何在？有哪些排样方式？各有什么优缺点？

9. 进行飞机电器上的搭接片(见图 2-41)的排样分析计算,选择最佳排样方案。材料为 H62,厚度为 0.4 mm,板料规格为 1 000 mm×1 000 mm。

材料: H62
厚度: 0.4 mm

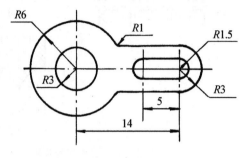

图 2-41　搭接片

10. 结合模具结构特点,请说明齿圈压板精冲的机理。

11. 请说明实现板料精密冲裁的条件。

12. 什么是冲裁工艺性分析？其目的何在？分析的内容包括哪些方面？

13. 冲裁模具分几种类型？请说明图 2-25 模具的零件名称,并描述模具运动原理。

第3章 弯 曲

3.1 弯 曲 概 述

将板料、型材或管材等弯成一定曲度和角度,形成一定形状的零件的工序称为弯曲。弯曲的目的是沿着直线成形钣金零件。常见的典型弯曲件如图3-1所示。

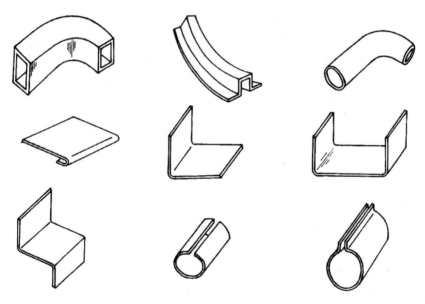

图3-1 典型弯曲件

弯曲件的厚度、轮廓尺寸的范围很大,而且形状和精度要求也有很大差别,为了适应这些完全不同的条件,在生产中应用的弯曲工艺方法很多,所用的设备也不完全相同。

在生产中弯曲成形所用的工具及设备不同,形成了各种不同的弯曲方法,如图3-2所示。模具弯曲是利用模具在压力机上对板料进行弯曲的工艺方法。由于它不需要专用设备,因此通用性强,在冲压生产中应用十分广泛。闸压弯曲可将板材弯曲成形为型材。滚弯是用2～4个滚轮,完成大曲率半径的弯曲。拉弯是对于弯曲半径大(曲率小)的零件,在拉力作用下进行弯曲,从而得到塑性变形。

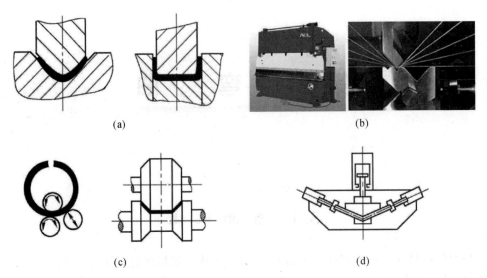

图 3-2 弯曲方法

(a)模具弯曲;(b)闸压弯曲;(c)滚弯;(d)拉弯

3.2 板料弯曲的基本原理

3.2.1 板料弯曲过程

虽然弯曲工艺各自所用设备和弯曲成形机理不同,但都是由弯曲毛坯内的不均匀变形引起毛坯曲率发生改变的结果。

当毛坯上作用有外弯曲力矩 M 时,毛坯的曲率发生变化。毛坯上曲率发生变化的部分是变形区。毛坯变形区内靠近曲率中心一侧(内层)的金属在切向压应力的作用下产生压缩变形,远离曲率中心一侧(外层)的金属在切向拉应力的作用下产生伸长变形。图 3-3 为板料在 V 形模具内的弯曲变形过程。

如图 3-3 所示,在弯曲过程中,板料的弯曲半径 $r_1,r_2,\cdots,r_n$ 与板料在凹模上的支点距离 $l_1,l_2,\cdots,l_n$ 都随凸模下行逐渐减小,到行程终了时,板料和凸模、凹模完全贴合。通过观察变形后的弯曲件侧壁坐标网格,可见:

(1)变形区主要在弯曲件的圆角部分,此处的矩形网格变成了扇形。在远离圆角的两直角边,没有变形;靠近圆角处的直边,有少量的变形。

(2)在变形区内,板料的外区纵向金属纤维受拉而伸长,内区纵向纤维受压而缩短。

(3)弯曲变形区中,当相对弯曲半径 r/t 较小时,板料厚度由 t 变薄为 t_1。

(4)变形区中板料横断面分宽板和窄板两种情况:宽板(板料相对宽度 $b/t > 3$)弯曲时横断面几乎不变,仍保持矩形;而窄板($b/t \leqslant 3$)弯曲时原矩形断面变成了扇形。

金属板料的弯曲过程可分为三个阶段:弹性弯曲阶段、弹-塑性弯曲和线性纯塑性弯曲阶段以及立体纯塑性弯曲阶段。弯曲毛坯变形区内的切向应力分布如图 3-4 所示。

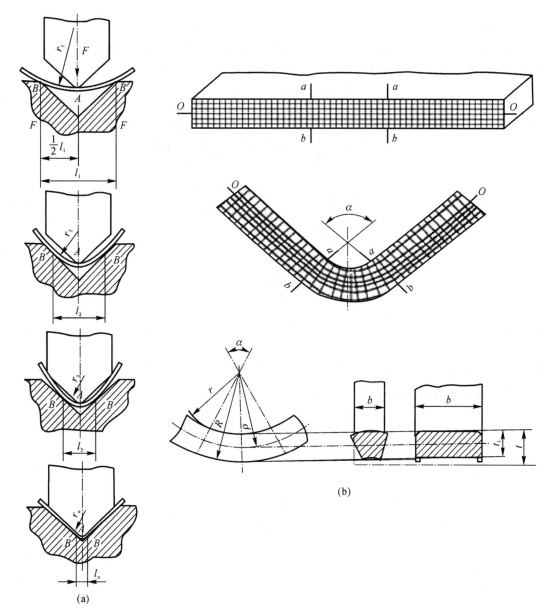

图 3-3　板料在 V 形模具内的弯曲变形过程

(a)不同时刻的弯曲变形示意；(b)弯曲主要变形示意

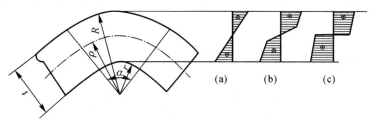

图 3-4　弯曲毛坯变形区内的切向应力分布

(a)弹性弯曲；(b)弹-塑性弯曲；(c)线性纯塑性弯曲

1. 弹性弯曲阶段

弯矩的数值不大,在毛坯变形区的内、外表面引起的应力小于材料的屈服应力 σ_s,仅在毛坯内部引起弹性变形。假设应变中性层的曲率半径为 ρ,弯曲角为 α。

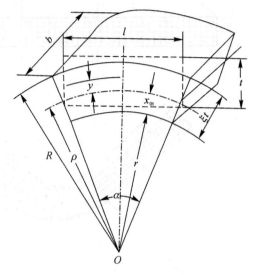

图 3-5　应变中性层位置

距中性层 y 处的切向应变为

$$\varepsilon_\theta = \ln\frac{(\rho+y)\alpha}{\rho\alpha} = \ln\left(1+\frac{y}{\rho}\right) \tag{3-1}$$

将式(3-1)展开:

$$\ln\left(1+\frac{y}{\rho}\right) = \frac{y}{\rho} - \frac{1}{2}\left(\frac{y}{\rho}\right)^2 + \frac{1}{3}\left(\frac{y}{\rho}\right)^3 + \cdots \tag{3-2}$$

当变形程度不大时,$\left|\dfrac{y}{\rho}\right| \ll 1$,可以省略 $\dfrac{y}{\rho}$ 的二次项及其以后各项,得

$$\varepsilon_\theta = \ln\left(1+\frac{y}{\rho}\right) \approx \frac{y}{\rho} \tag{3-3}$$

切向应力为

$$\sigma_\theta = E\varepsilon_\theta = E\frac{y}{\rho} \tag{3-4}$$

在弹性变形范围内,应力中性层和应变中性层是重合的,即在板料厚度中心,有

$$\rho = r + \frac{t}{2}$$

在变形区的内表面、外表面上的切向应变最大,即

$$\varepsilon_{max} = \pm\frac{y}{\rho} = \pm\frac{\frac{t}{2}}{r+\frac{t}{2}} = \pm\frac{1}{1+\frac{2r}{t}} \tag{3-5}$$

由弹性弯曲的条件 $|\sigma_{max}| \leqslant \sigma_s$,得

$$\frac{E}{1+\dfrac{2r}{t}} \leqslant \sigma_s \tag{3-6a}$$

或

$$\frac{r}{t} \geqslant \frac{1}{2}\left(\frac{E}{\sigma_s}-1\right) \tag{3-6b}$$

相对弯曲半径 $\dfrac{r}{t}$ 是衡量弯曲变形程度的重要指标，$\dfrac{r}{t}$ 越小，变形程度越大。当 $\dfrac{r}{t}$ 小到一定数值，即 $\dfrac{1}{2}\left(\dfrac{E}{\sigma_s}-1\right)$ 时，板料内、外表面首先屈服，开始塑性变形。随着变形程度的增加，塑性变形由表及里地扩展，使变形区进入弹-塑性弯曲和线性纯塑性弯曲。

2. 弹-塑性弯曲和线性纯塑性弯曲阶段

弯矩的数值继续增大时，毛坯的曲率半径随之减小，毛坯变形区的内、外表面，首先由弹性变形状态过渡到塑性变形状态，然后塑性变形由内、外表面向中心逐步扩展，板料的弯曲变形区处于弹-塑性弯曲，板料剖面的中心部分仍存在很大的弹性变形区域。随着变形程度的增大，板料变形进入线性纯塑性弯曲，弹性变形区所占比例极小，可忽略不计。这两种弯曲，其应力、应变仍属于线性状态，应力和应变中性层仍可认为在板料厚度中间。

塑性变形时，许多金属的真实应力-应变关系可用指数方程表示，即

$$\sigma_\theta = \pm C\left(\varepsilon_\theta\right)^n$$

于是，板料内层、外层的切向应力为

$$\sigma_\theta = \pm C\left(\frac{y}{\rho}\right)^n$$

切向应力形成的弯矩为

$$M = 2b\int_0^{\frac{t}{2}} \sigma_\theta y\,\mathrm{d}y = 2b\int_0^{\frac{t}{2}} C\left(\frac{y}{\rho}\right)^n y\,\mathrm{d}y = \frac{Cbt^2}{2(n+2)}\left(\frac{t}{2\rho}\right)^n \tag{3-7}$$

(1) 当 $n=0$，$C=\sigma_s$ 时，可得出无硬化现象的弯矩为

$$M = \frac{1}{4}bt^2\sigma_s$$

(2) 当 $n=1$，$C=E$ 时，可得出弹性弯曲时的弯矩为

$$M = E\frac{t^3}{12}\frac{b}{\rho} = \frac{EI}{\rho}$$

3. 立体纯塑性弯曲阶段

弯矩的数值继续增大时，毛坯变形区材料完全处于塑性变形状态。此时需要考虑板厚和板宽对切向变形的影响。

随着变形程度的增大，整个断面全部进入塑性变形，板料厚向应力 σ_t 的作用越来越强烈，变形区的应力、应变状态由线性转为立体。由于板料宽度不同，因此其应力、应变状态也不同。

应变中性层用于弯曲件毛坯长度计算，应力中性层用于计算弯曲应力和应力分析。中性层的位置取决于材料本身、弯曲半径、温度、材料晶粒方向以及弯曲方法等因素。

通过对弯曲变形过程分析,得到以下结论:

(1)应变中性层位置从板料中间逐步向内层移动,变形量愈大,内移量也愈大。

参见图 3-5,由体积不变,即

$$\begin{cases} tlb = \pi(R^2 - r^2)\dfrac{\alpha}{2\pi}b \\ l = \alpha\rho \\ R = r + \xi t \end{cases}$$

得

$$\rho = \left(\frac{r}{t} + \frac{\xi}{2}\right)\xi t = \left(r + \frac{1}{2}\xi t\right)\xi \qquad (3-8)$$

式中: ξ——变薄系数,查表 3-1 确定。

表 3-1 弯曲 90°时变薄系数 ξ 值(10~20 钢)

r/t	0.1	0.25	0.5	1.0	2.0	3.0	4.0	>4.0
ξ	0.82	0.87	0.92	0.96	0.99	0.992	0.995	1.0

(2)应力中性层从板料中间向内层移动,且内移量比应变中性层大。

由应变中性层内移可知,应变中性层处的纤维在弯曲前期的变形是切向压缩,而弯曲后期必然是伸长变形,才能补偿弯曲前期的纤维缩短,使其切向应变为零。而一般来说,弯曲后期的纤维伸长变形。仅发生在应力中性层的外层纤维上,所以应力中性层内移量比应变中性层大。

3.2.2 窄板弯曲和宽板弯曲时的应力、应变状态分析

为了提高板料的弯曲质量和深入理解板料弯曲变形的性质,必须进一步分析板料塑性弯曲时的应力、应变状态。

设板料弯曲变形区的主应力和主应变的方向为切向(σ_θ ,ε_θ)、径向(σ_ρ ,ε_ρ)和宽度方向(σ_b ,ε_b),如图 3-6 所示。变形区的应力、应变状态与相对弯曲半径 $\dfrac{r}{t}$ 和相对宽度 $\dfrac{b}{t}$ 等因素有关。 $\dfrac{r}{t}$ 愈小,表示弯曲变形程度愈大,随着变形程度的增加,内、外层的切向应力和应变,都随之有明显的变化,从而径向和宽度方向的应力和应变状态也发生较大的改变。板料的相对宽度 $\dfrac{b}{t}$ 不同,弯曲时的应力应变状态也不同。

1)窄板弯曲

板料弯曲变形,主要表现在内外层纤维的伸长和压缩,所以切向应变为最大主应变,其外层应变 ε_θ 为正,内层应变 ε_θ 为负。根据塑性体积不变条件

$$\varepsilon_\theta + \varepsilon_b + \varepsilon_\rho = 0$$

可知,板料径向应变 ε_ρ 和宽度方向应变 ε_b 的符号一定与最大的切向应变 ε_θ 符号相反。

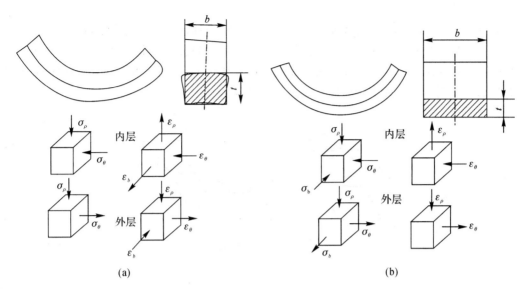

图 3 - 6　弯曲变形的应力与应变状态

(a)窄板；(b)宽板

外层受拉应力,内层受压应力,切向应力为绝对值最大的主应力。板料弯曲时,外区材料在厚度方向产生压缩应变。因此,材料有向曲率中心移动的趋势,结果使材料纤维之间互相挤压,因而在厚度方向产生压应力。在材料内区,厚度方向拉伸应变受到外区材料向曲率中心移动的障碍,也产生了压应力。对于窄板弯曲,由于材料在宽度方向可以自由变形,所以内、外层应力为零。

2)宽板弯曲

宽板弯曲时,由于宽度方向的变形受到阻碍,不能自由伸缩,所以认为宽度方向的应变ε_b为零,因而可将宽板弯曲看作平面应变状态。

结合变形趋势进行分析,对于宽板弯曲:外层材料在宽度方向的收缩受到阻力,产生拉应力;内层材料在宽度方向上伸长受到阻力,产生压应力。

3.2.3　弯曲的主要问题

1)外层裂纹

塑性弯曲时,外缘表层的切向拉应力最大,当外层的合成应力 $\bar{\sigma}$ 超过板料抗拉强度时,就会沿板料弯曲线方向拉裂,如图 3 - 7 所示。相对弯曲半径 $\dfrac{r}{t}$ 愈小,表示弯曲变形程度愈大,最外层纤维的切向拉裂的可能性也愈大。

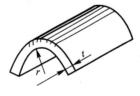

图 3 - 7　拉裂

2)弯曲回弹

回弹是成形后弯曲角度和弯曲半径复原现象。弯曲回弹是因为塑性变形总伴随有弹性变形以及变形区应力分布不均匀。

3）截面畸变

窄板弯曲时,外层受拉,引起板料宽度和厚度的收缩;内层受压,使板宽和板厚增加。因此弯曲后板料横截面变为梯形,同时内、外层发生微小的翘曲。宽板弯曲时,宽度方向的伸长和压缩受到限制,材料不易流动,因此横截面形状变化不大,仍为矩形,仅在端部可能出现翘曲和不平。截面畸变具体表现形式如图 3-8 所示。

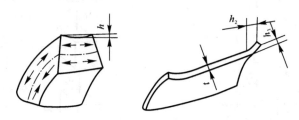

图 3-8　截面畸变

3.3　弯曲毛坯尺寸

根据应变中性层在弯曲前后长度不变的特点确定弯曲毛坯长度。

3.3.1　有圆角半径的弯曲

按应变中性层展开的原理,坯料总长度应等于弯曲件直线部分和圆弧部分长度之和。

弯曲件有一个弯角(见图 3-9)时,毛坯长度用下式计算:

$$L = l_1 + l_2 + l_0 = l_1 + l_2 + \frac{\pi}{2}(r + Kt) \tag{3-9}$$

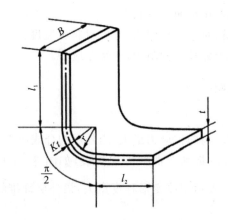

图 3-9　单弯角的弯曲件

弯曲件有多个弯角(见图 3-10),且每个弯角是逐个弯曲时,毛坯长度用下式计算:

$$L = l_1 + l_2 + \cdots + l_n + l_{n+1} + \frac{\pi\alpha_1}{180}(r_1 + K_1 t) + \cdots + \frac{\pi\alpha_n}{180}(r_n + K_n t) \tag{3-10}$$

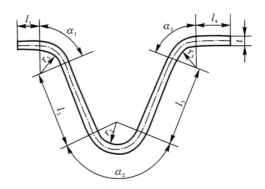

图 3 - 10　多弯角的弯曲件

K 是与变形程度有关的系数,其值可参照表 3 - 2 选取。

表 3 - 2　系数 K 值

r/t	$0\sim0.5$	$0.5\sim0.8$	$0.8\sim2$	$2\sim3$	$3\sim4$	$4\sim5$
K	$0.16\sim0.25$	$0.25\sim0.3$	$0.3\sim0.35$	$0.35\sim0.4$	$0.4\sim0.45$	$0.45\sim0.5$

3.3.2　圆角半径很小时的弯曲

圆角半径很小($\dfrac{r}{t}<0.3$)时的弯曲,采用等体积法,并考虑弯曲处板料变薄的情况,计算弯曲件的毛坯长度。

由于弯曲变形不仅使毛坯的圆角变形区变薄,而且与其相邻的直边部分(非变形区)也变薄,所以计算结果往往偏大。

可采用修正公式:

$$L = l_1 + l_2 + x't$$

式中: x' —— 系数,一般可取 $0.4\sim0.6$。

对于形状比较复杂或精度要求高的弯曲件,在初步计算坯料长度后,还需反复试弯不断修正,才能最后确定坯料的形状及尺寸。

3.4　弯　曲　力

弯曲力是设计冲压工艺、选择冲压设备和设计模具(校核凸模和凹模的强度和刚度)的依据。由于弯曲力的大小不仅与毛坯尺寸、材料力学性能、凹模支点间的距离、弯曲半径以及模具间隙等因素有关,而且与弯曲方式也有很大关系,因此,很难用理论分析的方法进行准确的计算。生产中多采用经验公式进行弯曲力的概要计算。

3.4.1　弯曲力计算

图 3 - 11 为弯曲力变化曲线。板料弯曲时,开始是弹性弯曲,其后是变形区内、外层纤

维首先进入塑性状态,并逐步向板料的中心扩展进行自由弯曲,最后是凸模、凹模与板料互相接触并冲击零件的校正弯曲。

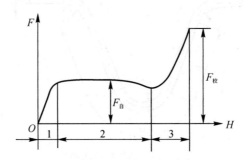

图 3 - 11　弯曲力变化曲线

1—弹性弯曲;2—自由弯曲;3—校正弯曲

1. 自由弯曲

自由弯曲时,弯曲角度由凸模行程决定,所以为了得到不同弯曲角度和半径的弯曲件,并不需要改变模具结构。也就是说,弯曲变形程度取决于凸模进入凹模的深度。自由弯曲时,所需弯曲力相对较小,但为获得要求的弯曲角,要准确控制凸模行程。

V 形件弯曲力为

$$F_{自} = \frac{0.6KBt^2\sigma_b}{r+t} \qquad (3-11)$$

U 形件弯曲力为

$$F_{自} = \frac{0.7KBt^2\sigma_b}{r+t} \qquad (3-12)$$

式中:$F_{自}$ ——自由弯曲在冲压行程结束时的弯曲力(N);

　B ——弯曲件的宽度(mm);

　t ——弯曲板料的厚度(mm);

　r ——弯曲件的内弯曲半径(mm);

　σ_b ——材料的抗拉强度(MPa);

　K ——安全系数,一般取 $K=1.3$。

2. 校正弯曲

板料经自由弯曲阶段后,开始与凸模、凹模表面全面接触。此时,如果凸模继续下行,零件受到模具挤压继续弯曲,弯曲力急剧增大,成为校正弯曲。

弯曲变形程度取决于凸模进入凹模的深度 H 及接触后所施加的力。

校正弯曲力为

$$F_{校正} = Aq \qquad (3-13)$$

式中:A ——材料校正部分(即与凸模接触部分)投影面积(mm²);

　q ——单位面积校正力(MPa),其值见表 3-3。

表 3 - 3　校正弯曲时单位校正力 q　　　　　　　　　　　单位:MPa

材　料	单位校正力 q			
	材料厚度 t/mm			
	≤1	1～2	2～5	5～10
铝	10～15	15～20	20～30	30～40
黄铜	15～20	20～30	30～40	40～60
钢(10,20)	20～30	30～40	40～60	60～80
钢(25,30,35)	30～40	40～50	50～70	70～100

3.4.2　冲压设备的选择

选择冲压设备时,除考虑弯曲模尺寸、模具高度、模具结构和动作配合外,还应考虑弯曲力的大小。

自由弯曲:

$$F_{压力机} = F_{自} + p \tag{3-14}$$

式中: p ——有压料板或推件装置的压力,为自由弯曲力的 $30\% \sim 80\%$。

校正弯曲:

$$F_{压力机} = F_{校正} \tag{3-15}$$

3.5　最小相对弯曲半径

设计弯曲件时,不仅要满足使用要求,还必须考虑成形的可能性。为了防止外层纤维拉裂和保证弯曲质量,相对弯曲半径 $\dfrac{r}{t}$ 应有一定的限制。防止外层纤维拉裂的极限相对弯曲半径称为最小相对弯曲半径,用 $\dfrac{r_{\min}}{t}$ 表示。或者表述为:弯曲件外层不产生裂纹条件下的最小值,即安全条件下的相对弯曲半径最小值。

3.5.1　影响最小相对弯曲半径的因素

1)材料的机械性能

材料塑性 (ε,ψ) 愈好,应变硬化指数 n 愈大,愈不易出现局部的集中变形,因而愈有利于提高成形极限,相对弯曲半径也愈小。

2)弯曲角度

板料弯曲时的变形,理论上认为仅局限于圆角部分,直边部分不参与变形。因此,其变形程度只与相对弯曲半径 $\dfrac{r}{t}$ 有关,而与弯曲角 α 无关。但在实际的弯曲过程中,由于板料纤维之间的相互牵制,圆角附近的直边部分材料也参与了弯曲变形,这对圆角外表面受拉状态有缓解作用,有利于降低最小相对弯曲半径的数值。弯曲角越小,直边部分参与变形的分散效应越显著,最小相对弯曲半径值也越小。弯曲角对最小相对弯曲半径的影响如图 3 - 12 所示。$\alpha \leqslant 90°$ 时,弯曲角 α 的影响比较显著;$\alpha > 90°$ 时,其影响变弱。

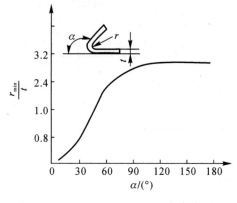

图 3 - 12　弯曲角

3)板料的纤维方向

生产用的板料,其机械性能在板面内的各方向并不相同,表现出各向异性,顺着纤维方向的塑性指标 (ε, ψ) 等大于垂直于纤维方向的指标。因此弯曲件的弯曲线与板料纤维方向垂直时,最小相对弯曲半径的数值最小;如果弯曲线与板料纤维方向平行,最小相对弯曲半径最大。板料弯曲时应尽可能使弯曲件弯曲线垂直于板料的纤维方向,以提高变形程度,防止外层纤维拉裂。多向弯曲的工件,可使弯曲线与板料纤维方向成一定的角度。板料的纤维方向如图 3-13 所示。

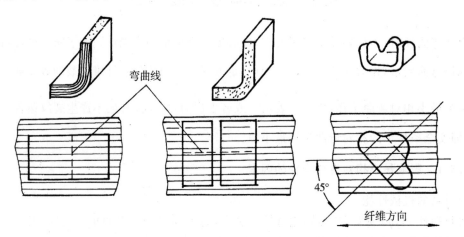

图 3 - 13　板料及其变形后的纤维方向

4)毛料剪切断面质量和表面质量

板料表面有划伤、裂纹或侧面(剪切或冲裁断面)有毛刺、裂口和冷作硬化等缺陷,弯曲时易于开裂,因此表面质量和断面质量较差的材料,其承受变形程度小,即最小相对弯曲半径的数值较大。

5）板料的宽度和厚度

毛料的相对宽度 $\frac{b}{t}$ 不同时,变形区的应变状态是不同的。由窄板逐渐加宽板料时,应变状态逐渐由立体状态转变为平面状态。因此随着毛料宽度增大,最小相对弯曲半径也增大。但是,在毛料宽度 $b > 10t$ 后,应变状态的影响已不明显。

变形区内切向应变在厚度方向上按线性规律变化,在外表面上最大,在中性层上为零。当板料厚度较小时,切向应变变化的梯度大,很快由最大值衰减为零。与切向变形最大的外表面相邻近的纤维,可以起到阻止外表面纤维产生局部的不稳定塑性变形的作用。在这种情况下,可能得到较大的变形程度和较小的相对弯曲半径。所以,对不同厚度的板料,最小相对弯曲半径并不是一个定值,而是随着材料厚度的增大而有所增大。但是在毛料厚度 $t > 5$ mm 后,厚度对最小相对弯曲半径的影响已不明显,如图 3-14 所示。

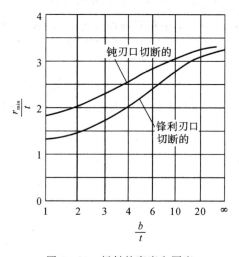

图 3-14　板料的宽度和厚度

3.5.2　最小相对弯曲半径的确定

最小相对弯曲半径的确定方法分为理论计算和经验选用两类。

1. 理论计算

由

$$\varepsilon_\theta = \pm \frac{t/2}{\rho_0} = \pm \frac{t/2}{r + t/2} = \pm \frac{1}{2r/t + 1}$$

推得

$$\frac{r_{\min}}{t} = \frac{1}{2}\left(\frac{1}{\varepsilon_{\theta\max}} - 1\right) \qquad (3-16)$$

$$\psi = \frac{\varepsilon_\theta}{1 + \varepsilon_\theta} \qquad (3-17)$$

将 $\varepsilon_\theta = \frac{t}{2\rho_0}$ 代入,得

$$\frac{r}{t} = \frac{1}{2\psi} - 1$$

所以

$$\frac{r_{\min}}{t} = \frac{1}{2\psi_{\max}} - 1 \qquad (3-18)$$

式(3-18)中的 $\psi_{\max}$ 和 $\varepsilon_{\theta\,\max}$ 值，均可由材料单向拉伸试验得出。但是实践结果表明，弯曲处许可的切向应变最大值 $\varepsilon_{\theta\,\max}$，比单向拉伸的试验值 $\varepsilon_{\theta\,\max}$ 大得多，所以计算出的 $\frac{r_{\min}}{t}$ 与实际试验数据相比，误差较大。其原因是实际生产中的最小相对弯曲半径除与材料塑性 (ε,ψ) 有关外，还与其他因素有关。

2. 经验选用

影响最小相对弯曲半径的因素很多，很难用一个简化公式予以概括。在生产中主要参考经验数据来确定各种材料在不同状态下的最小相对弯曲半径的数值(见表3-4)。

表 3-4　最小相对弯曲半径 $r_{\min}/t$ 的数值

材　料	$r_{\min}/t$			
	正火或退火		硬　化	
	弯曲线方向			
	与轧纹垂直	与轧纹平行	与轧纹垂直	与轧纹平行
铝	0	0.3	0.3	0.8
退火紫铜			1.0	2.0
黄铜 H68			0.4	0.8
钢(05,08F)			0.2	0.5
钢(08,10,Q215)	0	0.4	0.4	0.8
钢(15,10,Q235)	0.1	0.5	0.5	1.0
钢(25,30,Q255)	0.2	0.6	0.6	1.2
钢(35,40)	0.3	0.8	0.8	1.5
钢(45,50)	0.5	1.0	1.0	1.7
钢(55,60)	0.7	1.3	1.3	2.0
硬铝(软)	1.0	1.5	1.5	2.5
硬铝(硬)	2.0	3.0	3.0	4.0
镁合金	300 ℃热弯		冷弯	
MA1-M	2.0	3.0	6.0	8.0
MA8-M	1.5	2.0	5.0	6.0
钛合金	300～400 ℃热弯		冷弯	
BT1	1.5	2.0	3.0	1.0
BT5	3.0	4.0	5.0	6.0
钼合金($t \leqslant 2$ mm)	400～500 ℃热弯		冷弯	
BM1,BM2	2.0	3.0	4.0	5.0

3.6　弯曲回弹与补偿措施

弯曲成形是塑性变形的一种方式,卸载时外层纤维因弹性恢复而缩短,内层纤维因弹性恢复而伸长,结果使弯曲件的曲率和角度发生显著的变化,这种现象称为弯曲回弹。回弹是卸载后的弹性恢复,导致了弯曲件的尺寸变化。

如图 3-15 所示:设卸载前中性层半径为 ρ,弯曲角为 α。回弹后的中性层半径为 ρ',弯曲角为 α。因此弯曲件的曲率变化量为 $\Delta K = \dfrac{1}{\rho} - \dfrac{1}{\rho'}$,角度变化量为 $\Delta \alpha = \alpha - \alpha_0$。

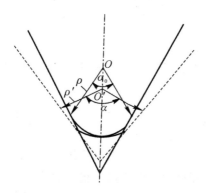

图 3-15　弯曲件卸载前、后的变化

曲率变化量 ΔK 和角度变化量 $\Delta \alpha$,又称为弯曲件的回弹量。回弹一般以角度的变化来表示。当用大圆角半径弯曲时,除需求出回弹角外,还应求出弯曲半径的变化。

3.6.1　影响弯曲回弹的主要因素

1)材料的机械性能

材料的屈服强度 σ_s 越高,弹性模量 E 越小,加工硬化越小(n 值小),则回弹也越大。

2)相对弯曲半径

当相对弯曲半径 $\dfrac{r}{t}$ 小时,弯曲毛坯外表面上的总切向变形程度大,虽然弹性变形的数值也随着增大,但弹性变形在总的变形当中所占的比例却降低。因此,回弹角与弯曲角的比值 $\dfrac{\Delta \alpha}{\alpha}$ 和曲率回弹值与曲率半径的比值 $\dfrac{\Delta \rho}{\rho}$ 都随着弯曲半径的减小而变小。

3)弯曲角

弯曲角 α 越大,则表示变形区的长度越大,回弹角也越大。但它对曲率半径的回弹没有影响。

4)弯曲方式和模具结构

不同的弯曲方式和模具结构,对于弯曲件的弯曲过程、受力状况以及对毛坯变形区和非变形区的影响都较大,因此,回弹值也不同。

5）弯曲力

在实际生产中，多采用带一定校正成分的弯曲方法，使压力机给出的力超过弯曲变形所需的力。这时，弯曲变形区的应力状态和应变的性质都和纯弯曲有一定的差别，而且施加的力越大，这个差别也越显著。当校正力很大时，可能完全改变毛坯变形区应力状态的性质，并使非变形区也转化为变形区。

6）摩擦

弯曲毛坯表面和模具表面之间的摩擦，可以改变弯曲毛坯各部分的应力状态，尤其在一次弯成多个部位的曲率时，摩擦的影响更为显著。一般认为，摩擦在大多数情况下可以增大弯曲变形区的拉应力，可使零件形状接近于模具的形状。但是，在拉弯时，摩擦的影响是不利的。

7）板厚偏差

当毛坯的厚度偏差大时，对于一定的模具来说，其实际工作间隙是忽大忽小的，因此，回弹值也是波动的。

3.6.2　减小回弹的措施

找到影响回弹的因素，并不意味着能改变这些因素，主要目的是了解回弹规律，从而采取适当措施，以减少甚至消除回弹对弯曲件尺寸精度的不利影响。

1. 在工件设计上采取措施

1）选用合适材料

选用板料时，采用弹性模量 E 大而屈服值 σ_s 较低的板料进行弯曲，可以减少回弹。对于一些硬材料，弯曲前进行退火处理，也可减少回弹。

2）改进工件结构

如在弯曲区压出加强筋，提高弯曲件的刚度，使弯曲件回弹困难，如图 3-16 所示。

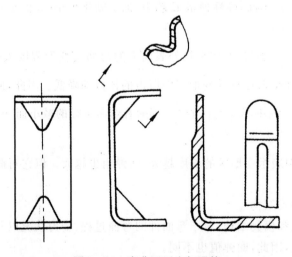

图 3-16　弯曲区压出加强筋

2.在工艺上采取措施

1)利用校正弯曲替代自由弯曲

相对自由弯曲来讲,校正弯曲通过改变弯曲变形区的应力、应变状态,从而减小回弹。

2)拉弯工艺

如图3-17所示,板料在拉力下弯曲,可以改变板料内部的应力状态,使中性层内侧的压应力转为拉应力状态。此时,板料整个剖面上都处于拉应力作用,从而卸载后内、外层纤维的回弹方向取得一致,因此可以减小回弹。

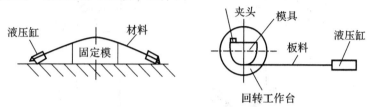

图3-17 拉弯工艺

3.在模具结构上采取措施

1)补偿法

根据弯曲件的回弹趋势(曲率变化量 ΔK 和角度变化量 $\Delta \alpha$ 的值是增大,还是减小)和回弹量大小,修正凸模或凹模工作部分的形状和尺寸,使工件的回弹量得到补偿,如图3-18所示。一般来说,补偿法是消除弯曲件回弹最简单的方法,在实际生产中得到广泛应用。

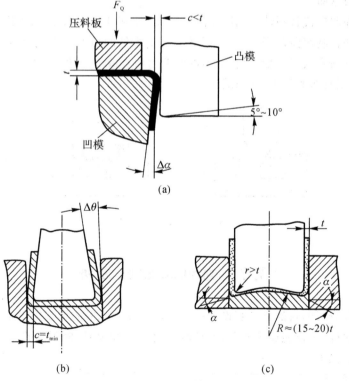

图3-18 补偿法

(a)单角弯曲修正;(b)双角弯曲时凸模侧面修正;(c)对角弯曲时凸模底面修正

2)校正法

根据回弹趋势,在弯曲行程结束时,对板料施加一定的校正压力,迫使弯曲处内层的金属产生切向拉伸应变,则板料经校正以后,内、外层纤维都会伸长,卸载后都要缩短,内、外层的回弹趋势相同,回弹量将会减小,达到克服或减小回弹的目的,如图3-19所示。

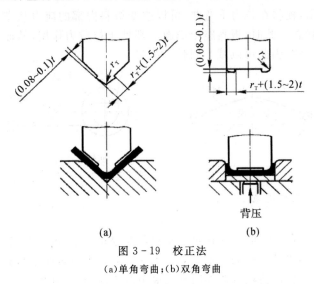

图 3-19 校正法

(a)单角弯曲;(b)双角弯曲

3)用软凹模弯曲

利用聚氨酯凹模代替刚性金属凹模进行弯曲,如图3-20所示。利用调节凸模压入软凹模深度的方法控制弯曲角度,使卸载回弹后所得零件的角度符合精度要求。弯曲时金属板料随着凸模逐渐进入聚氨酯凹模,激增的弯曲力将会改变圆角变形区材料的应力、应变状态,达到类似校正弯曲的效果,从而减小回弹。

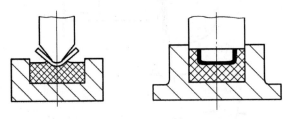

图 3-20 软凹模弯曲

3.7 弯曲工艺性分析

弯曲工艺性分析的目的是考察设计的弯曲件与弯曲成形的客观规律是否相符。具有良好工艺性的弯曲件,不仅能保证质量,而且能简化工艺和模具,降低生产成本。弯曲工艺性分析的具体内容如下。

1)弯曲半径

弯曲件的圆角半径不宜过大或过小。弯曲件的圆角半径过大时因受回弹的影响,弯曲件的精度不易保证;弯曲件的圆角半径过小时弯曲件易产生裂纹。

弯曲半径较小、变形程度较大时,可以采用多次弯曲成形(进行中间的软化处理)、加热弯曲、先减薄再弯曲等,如图 3-21 所示。

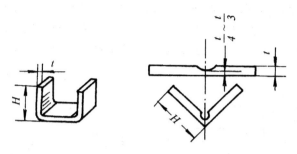

图 3-21 开槽后进行弯曲

2)弯曲件的形状

弯曲件的形状和尺寸应尽可能对称,弯曲半径左右一致,则弯曲时坯料受力平衡而无滑动,如图 3-22 所示;弯曲件的高度不应相差太大。

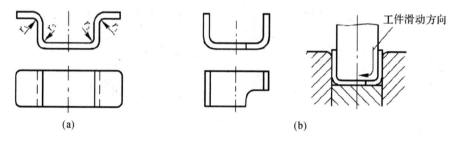

图 3-22 形状对称和不对称的弯曲件

(a)形状对称弯曲件;(b)形状不对称弯曲件

3)弯曲件孔的位置

对于带孔的弯曲件,若先冲好孔再将毛坯弯曲,则孔的位置应处于弯曲变形区外,否则孔要发生变形。如果孔边至弯曲半径 r 中心的距离过小,为防止弯曲时孔变形,可在弯曲位置冲工艺孔[见图 3-23(b)]或切槽[见图 3-23(c)]。如对零件孔的精度要求较高,则应弯曲后再冲孔。

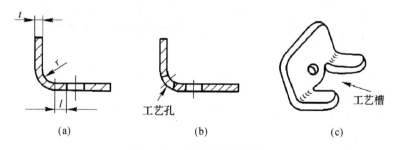

图 3-23 弯曲件孔的位置

4)弯曲件的直边高度

弯曲件的直边高度不宜过小,其值应为 $h>r+2t$,如图 3-24(a)所示。当 h 较小时,直边在模具上支持的长度过小,不容易形成足够的弯矩,很难得到形状准确的零件。当 $h<r+2t$ 时,需预先压槽,再弯曲,或增加弯边高度,弯曲后再切掉,如图 3-24(b)所示。如果所弯直边带有斜角,那么在斜边高度小于 $r+2t$ 的区段不可能弯曲到要求的角度,而且此处也容易开裂,如图 3-24(c)所示。因此必须改变零件的形状,加高直边尺寸,如图 3-24(d)所示。

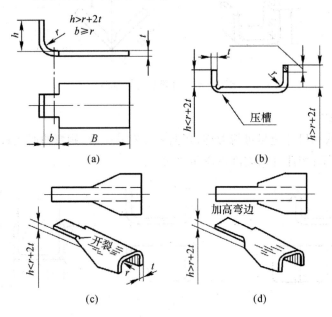

图 3-24 弯曲件的直边高度

5)弯曲件上的工艺孔和工艺槽

为了避免撕裂现象,需要考虑在弯曲件上开设工艺孔和工艺槽,如图 3-25 所示。

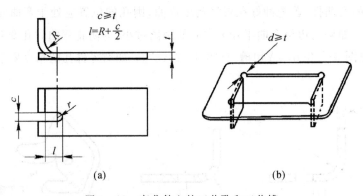

图 3-25 弯曲件上的工艺孔和工艺槽

6)弯曲件的精度

弯曲件的精度受坯料定位、偏移、翘曲和回弹等因素的影响,弯曲的工序越多,精度也越低。一般弯曲件长度和角度的公差有一定的要求。一般弯曲件的经济公差等级在 IT13 级以下,角度公差大于 15′。长度的未注公差尺寸的极限偏差见表 3－5,弯曲件角度的自由公差见表 3－6。

表 3－5　弯曲件未注公差的长度尺寸极限偏差

		长度尺寸极限偏差					
		长度尺寸 l/mm					
		120～260	260～500	3～6	6～18	18～50	50～120
材料厚度 t/mm	≤2	±0.3	±0.4	±0.6	±0.8	±1.0	±1.5
	2～4	±0.4	±0.6	±0.8	±1.2	±1.5	±2.0
	>4		±0.8	±1.0	±1.5	±2.0	±2.5

表 3－6　弯曲件角度的自由公差

	自由公差				
l/mm	≤6	6～10	10～18	18～30	30～50
$\Delta\beta$	±3°	±2°30′	±2°	±1°30′	±1°15′
	自由公差				
l/mm	50～80	80～120	120～180	180～260	260～360
$\Delta\beta$	±1°	±50′	±40′	±30′	±25′

7)尺寸标注

尺寸标注对弯曲件的工艺性有很大的影响。例如,图 3－26 是弯曲件孔的位置尺寸的三种标注法。对于第一种标注法,孔的位置精度不受坯料展开长度和回弹的影响,将大大简化工艺设计。因此,在不要求弯曲件有一定装配关系时,应尽量考虑冲压工艺的方便来标注尺寸。

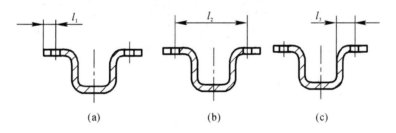

(a)　　　　　　　　(b)　　　　　　　　(c)

图 3－26　弯曲件的尺寸标注

<h1 align="center">3.8　其他弯曲方法</h1>

3.8.1　闸压成形

将板材弯曲成形为型材(称为板弯型材),适合中小批量生产。为了实现飞机生产轻量化的要求,飞机框、肋上的缘条和长桁都是用型材弯曲而成,典型零件如图 3－27 所示。

型材的特点是窄而长,断面形状有 V 形、U 形、Z 形等。除 V 形断面外,都包含两个或更多弯角。板弯型材需要多次压弯才能制成。由于毛料很长,因此普通冲床不能适应压弯成形需要,必须使用专门的闸压机床。

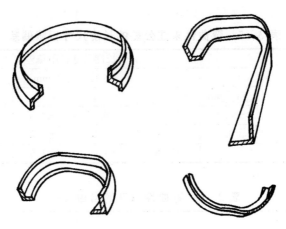

图 3-27　板弯型材零件

1. 闸压成形基本原理

闸压属于自由弯曲,是将板料放在开有 V 形槽的凹模上,由 V 形凸模压向毛料。随着凸模下降,毛料弯成一定的角度,并形成一定的弯曲半径。弯角的值取决于凸模进入凹模的深度。准确地调节凸模的行程,便可弯出不同的弯角。自由弯曲的弹性回弹很大。闸压弯曲时,可通过"过弯"来加以修正。闸压成形示意图如图 3-28 所示。

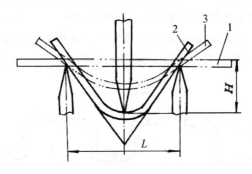

图 3-28　闸压成形示意图
1—弯曲前;2—弯曲结束;3—卸载后

2. 闸压机床和模具

常见的闸压机床是机械传动的曲柄连杆式。这类机床的特点是装有特殊的微调装置,通过齿轮传动系统可以准确地调节滑板的下死点位置。床台窄而长,大型闸压机的滑板长度可达 10~12 m。凸模安装在滑板上,凹模固定在床台上,床台之后装有前、后和上、下位置皆可调节的通用挡板,用于毛料的定位。闸压机床示意图如图 3-29 所示。

闸压机上所用的凸模和凹模通常是通用的,如图 3-30 所示。

通用凸模一般设计成楔形,锥角介于15°~45°之间,并具有不同的圆角半径。为了特殊的闸压需要,凸模有时也制成其他形状。

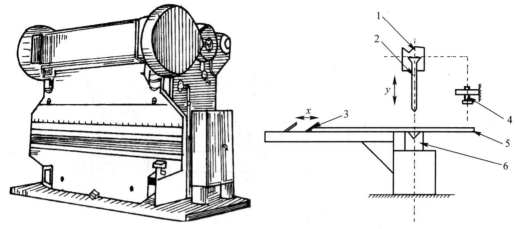

图 3-29　闸压机床示意图

1—滑板；2—凸模；3—挡板；4—限位器；5—板料；6—凹模

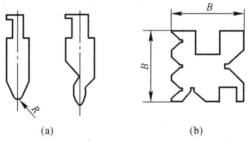

图 3-30　闸压机用弯曲模的端面形状

(a)凸模；(b)凹模

通用凹模的工作面开有 V 形或 U 形槽，V 形槽的夹角为 75°～90°，槽口宽度为 5～30 mm。

3.闸压成形工艺

闸压成形主要用于弯制相对弯曲半径小于 8 mm 的板弯型材(见图 3-31)、单曲度机翼和尾翼前缘蒙皮(见图 3-32)。

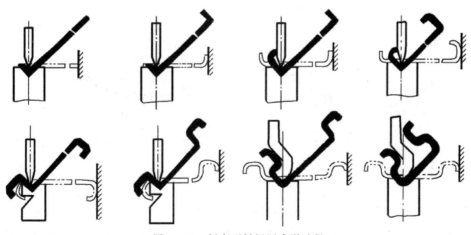

图 3-31　板弯型材闸压成形过程

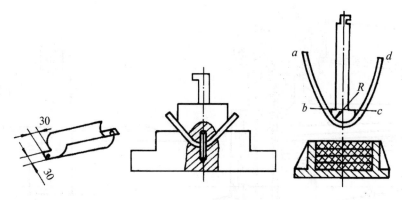

图 3-32 前缘蒙皮闸压成形

蒙皮闸压成形工艺方法:按毛料样板下料—两侧滚弯成形—闸压成形—淬火—按模胎手工校正—切割外形。

3.8.2 滚弯成形

飞机上有的单曲度蒙皮以及型材要采用滚弯成形方法加工,可分为单曲度蒙皮滚弯和型材滚弯两种。

1.单曲度蒙皮滚弯

蒙皮滚弯成形时,板料从2~4根同步旋转的滚轴间通过,并连续地产生塑性弯曲。通过调整滚轴间的相互位置,可获得零件要求的曲率。一般有两轴滚弯、三轴滚弯和四轴滚弯。

典型零件工艺流程:按展开样板下料—按切面样板划线滚弯—修整—检验—表面处理。

滚弯基本原理:滚弯是自由弯曲中的一种弯曲方法,可用于制造圆筒形和变曲率的单曲度蒙皮零件。材料滚弯时,毛料在滚轴作用力和摩擦力的连续加载下,通过滚轴,产生塑性弯曲变形。板料滚弯示意图如图3-33所示。

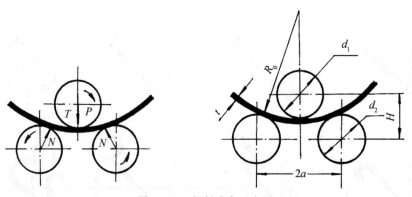

图 3-33 板料滚弯示意图

用于单曲度钣金件成形的滚弯机有对称或非对称放置的三轴滚和四轴滚等形式。飞机工厂中用来完成辅助性工作的小型滚弯机,其滚轴一般采用非对称放置形式;用于制造变曲率大型飞机蒙皮的滚弯机,其三滚轴为对称放置。

1)等曲率圆筒形零件滚弯

在液压靠模滚弯机上制造等曲率筒形件时,需将滚弯机的三个滚轴调成互相平行的,按零件的曲率半径并考虑回弹量算出上滚轴和下滚轴相对距离,进行滚弯。

在对称三轴滚弯机上成形的蒙皮,其两端各有一未经弯曲的直段,直段的长度与两下滚轴的间距有关。可用垫板使直段弯曲成形,如图 3 - 34 和图 3 - 35 所示。

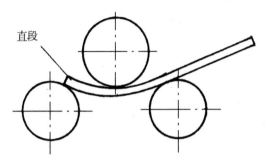

图 3 - 34 零件滚弯时端部出现直线段

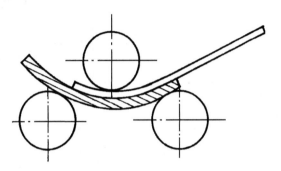

图 3 - 35 采用垫板滚弯

2)锥形零件滚弯

锥形蒙皮在飞机上占有很大比例,它的两端剖面形状是两条不同的曲线。在液压靠模滚弯机上制造等曲率锥形蒙皮时,需将滚弯机的上滚轴调成倾斜(或上滚轴水平而两个下滚轴成一定角度)。

在上滚轴按要求调整好斜度后:在滚弯过程中不需再改变位置,而可制成等曲率锥形蒙皮;上滚轴在滚弯过程中如连续做上下移动,则可制成变曲率的锥形蒙皮。

滚弯锥形蒙皮时,如果上滚轴的倾角不合适,同时又采用连续滚弯成形,那么滚弯的蒙皮会由于弯曲线与蒙皮等百分比线不重合而产生扭曲变形。这是由于滚轴呈圆柱形,滚轴表面各点滚弯时的线速度相等,板料只能等速平行送进的缘故。可将滚轴倾斜成适宜的角度,同时采用分段滚弯的方法制造蒙皮零件。

分段滚弯(见图 3 - 36)是先按样板在毛料的内表面两边划出百分比线;然后将上滚轴对正百分比线,使滚轴在等百分比线的前后两个区间内滚动;再由手工调整毛料,使上滚轴对正相邻的另一百分比线。重复操作,逐段滚弯,直至最后获得蒙皮零件。

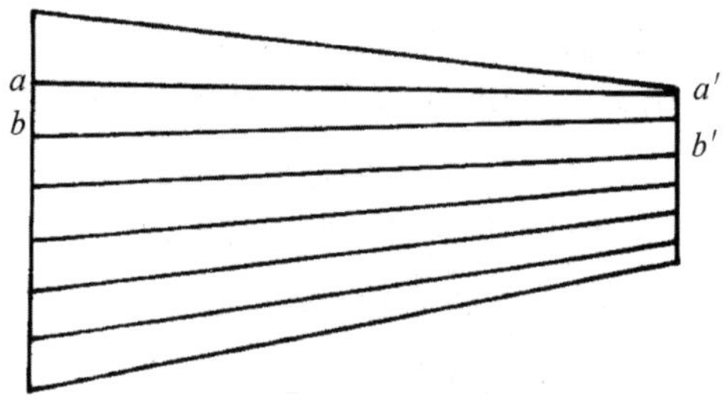

图 3 - 36 分段滚弯

2.型材滚弯

型材滚弯也是自由弯曲的一种,不仅可弯制等曲率的圆环或圆弧段的型材零件,也可弯制变曲率的零件。

滚弯型材使用的机床多为四滚轮。型材四轮滚工作原理如图 3 - 37 所示。

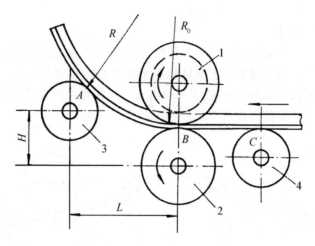

图 3-37　型材四轮滚工作原理

1—上导轮；2—下导轮；3—随动弯曲轮；4—随动支承轮

飞机结构中大多使用非对称断面的薄壁型材，其曲率又是变化的，且精度要求还很高。用滚弯方法弯曲这些型材零件，常发生以下问题：

1）断面为非对称形状的角材或 Z 形型材滚弯时，发生翘曲现象。

由于弯曲轮的作用力不通过型材断面的弯曲中心，在滚弯过程中毛料除了在滚弯平面内产生弯曲变形外，还会绕型材轴线扭转，使滚弯后的零件成为翘曲形状。

2）薄壁型材在滚弯过程中断面发生畸变。

滚弯 U 形型材时：当两直边处于受拉区时，直边与腹板间的夹角将变小，两直边向内倾；当两直边处于受压区时，直边与腹板间的夹角将变大，两直边向外张。

3）型材腹板处于受压区时，易失稳起皱。

4）毛料的起始端和终止端存在直线段和过渡段。

3.8.3　管材弯曲

在现代飞机上有很多管材零件，按其功用可分为结构管材、系统导管和操纵拉杆的管材。它们的外形有直管、比较规则的平面弯曲件以及又弯又扭的空间弯曲件。管材的成形类别有切割、扩口、缩口、波纹管、弯曲。

管材弯曲时：外侧材料受切向拉伸应力，管壁变薄；内侧材料受切向压缩应力，管壁增厚，位于最外侧和最内侧的管壁，其厚度变化最大。

1. 管材弯曲时的主要问题

1）断面形状发生变化

由于内、外两侧管壁上的法向压缩应力的合力作用，圆管的法向直径缩小，横向直径增大而畸变成为椭圆形，产生断面畸变。

2）外表面出现裂纹

管材的弯曲程度较大时，最外侧管壁因受到很大的切向拉伸应力而变薄，可能导致开裂。

3)内壁起皱

最内侧的管壁受到很大的切向压缩应力,除了引起管壁一定程度的增厚外,还会使该处管壁失稳起皱。

4)回弹

与平板弯曲回弹表现相似。

2.管材弯曲成形方法

1)绕弯成形

飞机上的弯曲导管,其相对厚度和相对弯曲半径都较小,且为空间弯曲件,这类导管弯曲的主要困难是预防管壁失稳起皱和圆截面的畸变。目前通常采用在弯管机上绕弯的方法成形,如图 3－38 所示。

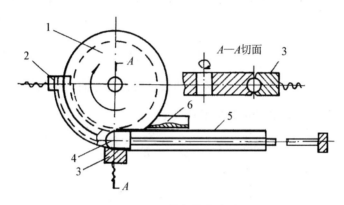

图 3－38 管材绕弯成形
1—模胎;2—夹持块;3—压块;4—芯棒;5—管料;6—防皱块

芯棒的作用是从管材内部支撑管壁,预防管材截面畸变和管壁起皱。

防皱块的前端呈圆弧刃口形,插在弯管模胎和管料之间,其前端应紧靠管壁和弯管模胎相切处,有效地填补了弯管模胎和管料内侧之间的间隙,从而起着从外面支撑管壁,防止起皱的作用。

2)填充粒状实物弯曲成形

填充粒状实物弯曲成形主要有冲模压弯成形(模弯法)和滚弯成形。滚弯法在弯制圆环或螺旋线形件弯管时特别方便,其也是在三滚轮或多滚轮机床上进行的。

3)加热弯曲成形

管材加热弯曲可以获得比冷弯时所能达到的更小相对弯曲半径。另外,热弯所需的弯曲力、弯曲半径和弯角的回弹量也大为减小。

3.8.4 拉弯

飞机上的框肋缘条,机身前、后段和发动机短舱的长桁,都是尺寸大、相对弯曲半径大的变曲率挤压型材弯曲件。这类零件是组成飞机骨架的受力零件,并直接影响到飞机的气动外形,因而对形状准确度的要求很高。

1. 拉弯基本原理

拉弯是拉力和弯矩同时作用于零件进行弯曲。拉弯基本原理是在毛料弯曲的同时加以切向拉力，改变毛料剖面内的应力分布，使之趋于均匀一致，以达到减少回弹和提高零件成形准确度的目的。弯曲时，毛料内区受压、外区受拉，在这一基础上加以切向拉力，其结果是：原来受拉的外区，仍继续加载；原来受压的内区，由受压变为受拉，经历一个卸载和反向加载的过程。

如图 3-39 所示，在塑性范围内，有

$$\sigma = \sigma_s + D\left(\varepsilon - \frac{\sigma_s}{E}\right) \qquad (3-19)$$

式中：D——切线模量。

拉弯时，为了使整个毛料的剖面内应力尽量均匀一致，最外层纤维的应力至少应达到由压转为拉的屈服点。如果 B 点的应力以 σ_B 表示，F 点的应力以 σ_F 表示，那么中性层最小的必要拉伸应变量 ε_{ρ_0} 为

$$\varepsilon_{\rho_0} = \frac{\sigma_B}{E} + \frac{\sigma_F}{E} = \frac{2\sigma_s}{E} \qquad (3-20)$$

如果弯曲时中性层的半径为 ρ_0，距离中性层 y 处因为弯曲产生的切向应变为 $\frac{y}{\rho_0}$，加上最小必要拉伸应变量 ε_{ρ_0} 后，此处的切向总应变 ε_y 为

$$\varepsilon_y = \varepsilon_{\rho_0} + \frac{y}{\rho_0} = \frac{2\sigma_s}{E} + \frac{y}{\rho_0} \qquad (3-21)$$

于是，求得距中性层 y 处的切向应力 σ_y 为

$$\sigma_y = \sigma_s + D\left(\frac{\sigma_s}{E} + \frac{y}{\rho_0}\right)$$

如果拉弯毛料为板料，板料宽为 B，料厚为 t，那么弯曲加拉伸后，外加弯矩变为

$$M = \int_{-\frac{t}{2}}^{\frac{t}{2}} y\sigma_y B\,\mathrm{d}y = \int_{-\frac{t}{2}}^{\frac{t}{2}} B\left[\sigma_s + D\left(\frac{\sigma_s}{E} + \frac{y}{\rho_0}\right)\right]y\,\mathrm{d}y = \frac{D}{\rho_0}\frac{Bt^3}{12} = \frac{DI}{\rho_0} \qquad (3-22)$$

此弯矩卸去以后，产生的曲率回弹为

$$\Delta K = \frac{1}{\rho_0} - \frac{1}{\rho'} = \frac{M}{EI} = \frac{D}{\rho_0 E}$$

回弹后的半径为

$$\rho' = \frac{\rho_0}{1 - \dfrac{D}{E}} \qquad (3-23)$$

由于拉弯卸载中只有 $\frac{D}{E}$ 的作用，而且 $D \ll E$，所以拉弯的回弹量可以显著减小，这与纯弯曲时产生的回弹量有很大的不同。同时，从实际应力-应变曲线（见图 3-39）还可看出，材料的切线模量 D 并非定值，拉伸变形程度愈大，D 的数值愈小，所以在拉弯过程中加的拉力愈大，愈有利于减小零件曲率的回弹量。因此实际操作过程中常常以不拉断零件为原则，尽量增

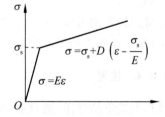

图 3-39　折线形式的应力-应变曲线

加拉力。

减小材料的切线模量有利于降低回弹,如果采用加热拉弯,当变形温度高于再结晶温度时,应变强化效应被再结晶所消除,D 趋近于 0,曲率回弹也就趋近于零。

此外,从式(3-23)看出,曲率半径越大,拉弯效果越好,所以在生产中拉弯主要用于成形曲度不大、外形准确度要求较高的零件。

先弯后拉(见图 3-40),只要很小的最小必要拉伸量 $\dfrac{2\sigma_s}{E}$(因为一般材料 $\sigma_s \ll E$,$\dfrac{2\sigma_s}{E} < 1\%$),就可取得应力分布均匀一致的结果。而先拉后弯(见图 3-41),即使拉伸值很大,预拉效果也会因弯曲时压区的卸载作用很快消失。从减小回弹量看,先拉后弯不如先弯后拉有利。但先弯后拉,毛料与模具弯曲贴紧后,由于模具对于毛料的摩擦作用,后加的拉力很难均匀地传递到毛料的所有剖面上,所以也会影响后加拉力的效果。因此生产实践中往往采用先拉后弯最后补拉的复合方案,即首先在平直状态拉伸毛料超过屈服点,然后弯曲。毛料完全贴合后,再加大拉力进行补拉,以便工件更好地保持弯曲中所获得的曲度。此外,弯曲前预先加一拉力,对于薄壁型材还可减少其内壁弯曲时受压失稳的可能性,便于工艺过程的顺利进行。

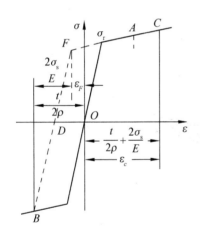

图 3-40　先弯后拉的应力、应变分布

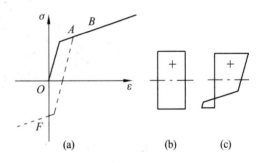

图 3-41　先拉后弯沿剖面切向应力、应变分布
(a)加载曲线;(b)单向拉伸应力分布;(c)拉弯后应力分布

2.拉弯设备及模具

按工作原理和构造特点,拉弯机可分为转台式和转臂式两种,如图 3-42 所示。

拉弯模具由工作部分、垫板和底板组成,用螺栓组装成一个整体,如图 3-43 所示。

型材拉弯过程中拉弯夹头受到很大的拉力。通常对拉弯夹头的结构要求如下:

(1)夹头内的齿块必须根据型材截面形状的不同而可更换;

(2)齿块的齿面应保证可靠地啮入型材毛料,传递拉力均匀;

(3)为了防止将整个拉力集中在型材某一剖面上,齿面前端应带有平缓的过渡区;

(4)所有齿块与型材表面均匀接触,并使合力的作用点与型材截面形心吻合。

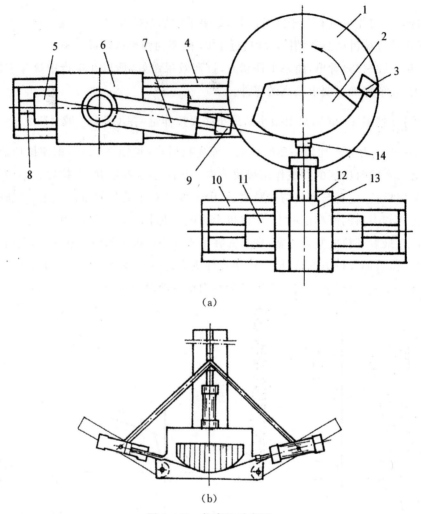

（a）

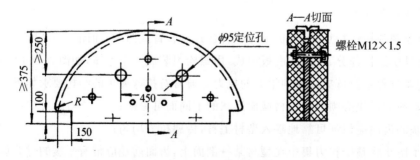

（b）

图 3-42 拉弯机示意图

1—转台；2—拉弯模；3—固定夹头；4—床身；5—油缸；6—滑块；7—旋转支臂；

8—双活塞杆；9—夹头；10—侧压床身；11—跟踪油缸；12—滑枕；13—侧压油缸；14—侧压块

（a）转台式；（b）转臂式

图 3-43 拉弯模具

习　题

1. 简述板料弯曲变形过程。

2. 分析、说明板料在立体纯塑性弯曲阶段变形区的应力状态与应变状态。

3. 比较、说明自由弯曲和校正弯曲。

4. 计算图 3-44 所示弯曲件的毛坯长度。

5. 阐述最小相对弯曲半径及其影响因素。

6. 阐述弯曲回弹及其影响因素。

7. 阐述减小回弹的措施及其原理。

8. 进行图 3-45 所示工件的工艺性分析。工件材料为 08F，批量为 20 000 件/年。

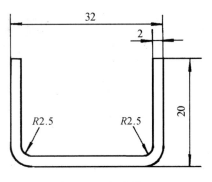

图 3-44　弯曲件

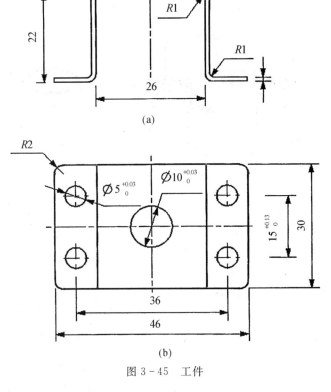

(a)

(b)

图 3-45　工件

9. 阐述板弯型材制造方法及其原理。

10. 阐述型材滚弯原理、存在问题及其解决措施。

11. 绕弯成形解决什么问题？如何实现？

12. 阐述拉弯减小回弹的原理。如工件材料为 LY12M，$E = 71\ \text{kN/mm}^2$，$D \approx 0.19\ \text{kN/mm}^2$，确定回弹前、后半径的比值。

第4章 拉 深

4.1 拉深概述

拉深是在具有一定圆角半径的凸模、凹模的作用下,将平板毛坯或半成品毛坯制成开口空心零件的一种冲压工艺,如图4-1所示。拉深是钣金成形的基础性工艺。

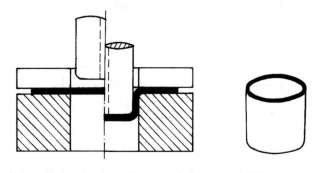

图4-1 拉深示意图

拉深成形的零件品种多、尺寸范围大、领域广。拉深工艺可成形的制品有筒形、阶梯形、球形、锥形、矩形及其他各种不规则的开口空心零件,如图4-2所示。日常生活中常见的拉深制品有搪瓷脸盆、铝锅等旋转体零件,饭盒、汽车油箱等方形零件,汽车覆盖件等复杂零件。拉深工艺与其他冲压工艺结合,可制造形状复杂的零件,如落料与拉深组合在一起的落料拉深复合工艺。

拉深有多种形式:按照零件的外形,拉深可划分为筒形件、锥形件、半球形件、阶梯形件、盒形件和复杂形状零件拉深;按照工序数,拉深可划分为单次拉深和多次拉

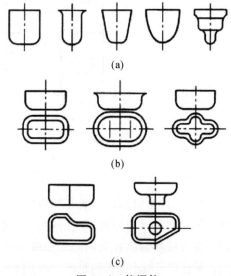

图4-2 拉深件
(a)轴对称旋转体零件;(b)轴对称盒形件;(c)不对称复杂件

深;按照材料变形情况,拉深可划分为正拉深、反拉深、变薄拉深和特种拉深;等等。在各种拉深成形工艺中,筒形件拉深是最基本的拉深方法。

4.2 筒形件拉深变形过程

4.2.1 筒形件拉深材料流动过程

筒形件拉深模具的凸模、凹模工作部分带圆角,凸模、凹模之间的单侧间隙稍大于板料厚度,拉深时直径为 D_0 的平板毛坯在凸模的作用下,逐渐地被拉入凹模形成圆筒,如图 4 - 3 所示。

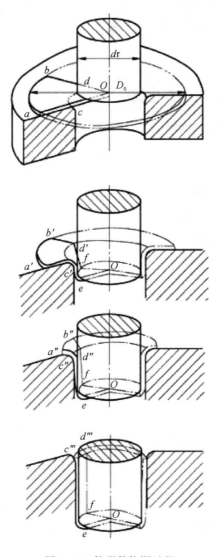

图 4 - 3　筒形件拉深过程

在圆形平板毛坯上印制图 4-4 所示的扇形网格,拉深后观察网格变化,发现:

(1)圆筒底部网格拉深前后基本保持不变;

(2)筒壁部分是由凸缘材料逐步流入凹模型腔形成的,筒壁部分的网格由原来的扇形变成了长方形(近似),距筒底越远其高度越大;

(3)凸缘材料发生径向伸长变形和切向压缩变形(拉深变形)。

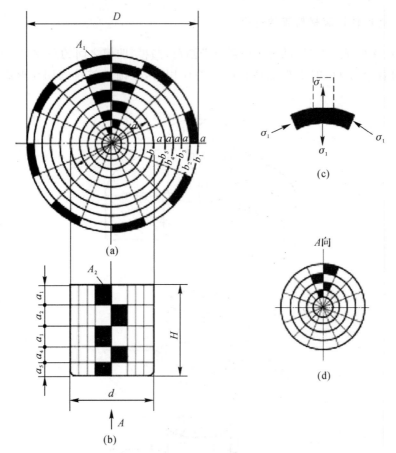

图 4-4 拉深前、后网格变化
(a)平板毛坯;(b)筒形件;(c)网格应力分布;(d)筒底

拉深过程中材料流动如图 4-5 所示,拉深变形主要发生在凸缘部分,拉深变形的过程实质上是凸缘处的材料在径向拉应力和切向压应力的作用下产生塑性变形,凸缘不断收缩而转化为筒壁的过程,凸缘的最外缘变形程度最大。

4.2.2 筒形件拉深时的应力、应变状态分析

拉深过程中,经凸模施加的外载作用区为筒底,而材料的变形区主要集中在凸缘区。按照材

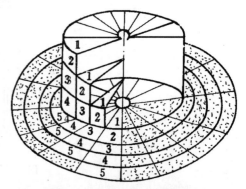

图 4-5 拉深过程中材料流动

料的变形和受力情况,拉深过程中的任一时刻,工件材料可以划分为五个区,即凸缘区、凹模圆角区、筒壁区、凸模圆角区、筒底区。

1. 凸缘区

凸缘是主要变形区,此处材料被凸模拉入凹模形成筒壁。材料受径向拉应力和切向(圆周方向)压应力,并在径向和切向分别产生伸长和压缩变形,板厚稍有增大,在凸缘的外缘厚度增加最大。

1)凸缘区应力

凸缘外区应力状态以压缩为主,内区应力状态以拉伸为主。

假设板料厚度不变,由单元体(见图 4-6)的径向静力平衡条件,得

$$\frac{\mathrm{d}\sigma_r}{\mathrm{d}r} + \frac{\sigma_r - \sigma_\theta}{r} = 0 \tag{4-1}$$

理想塑性材料的屈服条件为

$$\sigma_r - \sigma_\theta = \sigma_s$$

边界条件为 $r = R$ 处有

$$\sigma_r = 0$$

联立求解得

$$\left. \begin{aligned} \sigma_r &= \sigma_s \ln \frac{R}{r} \\ \sigma_\theta &= \sigma_s \left(\ln \frac{R}{r} - 1 \right) \end{aligned} \right\} \tag{4-2}$$

由式(4-2)确定拉深过程任一瞬间凸缘上应力的分布规律,如图 4-7 所示。

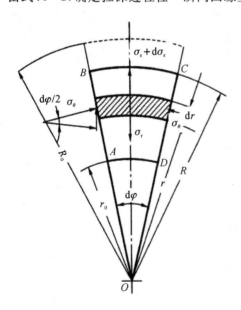

图 4-6 凸缘单元体

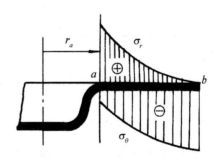

图 4-7 拉深过程中凸缘应力分布

在凹模型腔入口处,径向应力最大,即

$$\sigma_{r\max} = \sigma_r \mid_{r=r_a} = \sigma_{r_a}$$

凸缘上 σ_θ 恒负,由屈服条件得到 $|\sigma_\theta| = \sigma_s - \sigma_r$,所以增大 σ_r 可减小 σ_θ 的绝对值。

2)凸缘区变形

由塑性变形增量理论可知

$$\frac{\sigma_r - \sigma_t}{\sigma_\theta - \sigma_t} = \frac{\varepsilon_r - \varepsilon_t}{\varepsilon_\theta - \varepsilon_t} \tag{4-3}$$

忽略凸缘区材料所受的厚向应力,即假设 $\sigma_t = 0$。

由材料体积不变条件

$$\varepsilon_r + \varepsilon_\theta + \varepsilon_t = 0$$

得到

$$\varepsilon_t = \frac{\sigma_r + \sigma_\theta}{\sigma_r - 2\sigma_\theta}\varepsilon_\theta \tag{4-4}$$

将式(4-2)与式(4-4)联立,可得

$$\varepsilon_t = \frac{2\ln\dfrac{R}{r} - 1}{2 - \ln\dfrac{R}{r}}\varepsilon_\theta \tag{4-5}$$

由于 ε_θ 的符号主要取决于分子项,令 $2\ln\dfrac{R}{r} - 1 = 0$,则 ε_t 为零的条件是

$$r \approx 0.607R$$

所以凸缘材料的厚度变化规律以 $0.607R$ 为分界线,外区增厚,内区减薄。

2.凹模圆角区

材料除受径向拉深外,同时产生塑性弯曲,使板厚减小;材料离开凹模圆角后,产生反向弯曲(校直)。此处材料变形较复杂,除有与凸缘部分相同特点,即径向拉应力和切向压应力作用外,厚度方向上受凹模圆角的压应力和弯曲作用产生的压应力。

3.筒壁区

筒壁区为传力区,承受轴向拉伸应力。

4.凸模圆角区

板料产生塑性弯曲和径向拉伸,材料承受筒壁较大的拉应力、凸模圆角的压应力和弯曲作用产生的压应力和切向拉应力。

5.筒底区

板料处于双向拉伸状态。由于凸模圆角处的摩擦制约了底部材料向外流动,所以圆筒底部变形不大。

综上所述,拉深过程中各区的应力、应变状态如图4-8所示。

4.2.3 拉深中存在的主要问题

由于拉深时各部分的应力(受力情况)和变形情况不同,拉深工艺出现了一些特有的现象。

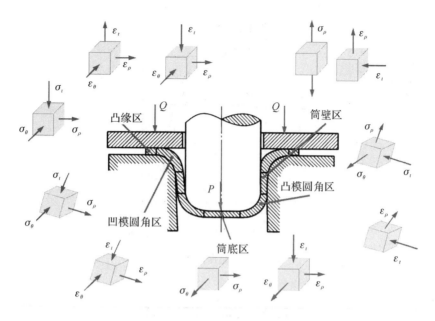

图 4 - 8 拉深过程中各区应力应变状态

1）起皱

起皱由材料所受切向压应力过大所致。

2）拉裂

拉裂通常位于筒壁与凸模圆角相切点稍靠内侧,主要由材料变形不均匀以及材料硬化不均匀所致。

3）凸耳

由于板料的面内各向异性,拉深过程中沿圆筒形件周向各个方向材料变形不一致,从而在拉深件上形成凸耳,如图 4 - 9 所示。

图 4 - 9 拉深凸耳

4）残余应力

拉深后圆筒形件中留有大量的残余应力,其由板料拉深过程中在凹模圆角处的弯曲和反弯曲(校直)引起。这表现为外表面为拉应力,内表面为压应力,如图 4 - 10 所示。

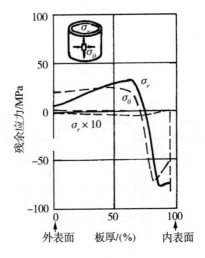

图 4-10　拉深件残余应力

4.3　拉　深　力

拉深力是进行模具设计和选用设备(压力机)的依据。

4.3.1　理论计算

筒壁是拉深时的传力区,将作用于筒底的外载传递到凸缘上。筒壁传递的力既要使凸缘材料产生塑性变形,又要克服各种不利因素的影响。

拉深过程中,凸缘材料流入凹模型腔时,受到的摩擦力包括凸缘材料与压边圈和凹模面之间的摩擦,凹模圆角区材料与凹模圆角之间的摩擦,凸模圆角区材料与凸模圆角之间的摩擦。前两类摩擦力的作用方向与材料流动方向相反,阻碍材料向凹模型腔流动,增加了筒壁承受拉应力的负担,因此对变形是不利的,要设法克服这两类摩擦力。

因此,筒壁拉应力由四部分构成,即凸缘材料变形抗力、压边摩擦力、凹模圆角处的摩擦力和弯曲附加应力。

1)凸缘材料变形抗力

式(4-2)是在理想塑性材料的条件下得到的。对硬化材料来讲,σ_r 的变化为两个相互消长因素的作用结果,即变形抗力不断增加和 $\dfrac{R}{r}$ 的不断减小。拉深开始时前一因素起主导作用,然后后一因素起主导作用,从而使 σ_r 在 $R = (0.8 \sim 0.9)R_0$ 时取最大值。

2)压边摩擦力

压边摩擦力由压边决定,而压边力与压边方法有关,更多情况下会随拉深过程的进行而增大。

3)凹模圆角处的摩擦力

凹模圆角处的摩擦力类似于皮带绕过圆柱体拉动重物时皮带与圆柱体之间的摩擦作用。

4)弯曲附加应力

材料从凸缘流入凹模型腔时,经过凹模圆角区产生弯曲变形,从而增加了材料的流动阻力,使筒壁拉应力的负担增大;当材料从凹模圆角区向筒壁转变时,受到反向弯曲(校直),同样会增大筒壁拉应力负担。

综上所述,筒壁拉应力计算公式为

$$\sigma_c = (\sigma_{ra} + \sigma_H)e^{\pi\varphi} + 2\sigma_B \tag{4-6}$$

式中:σ_c——筒壁拉应力(MPa);

　　　σ_{ra}——凸缘材料变形抗力(MPa);

　　　σ_H——压边摩擦力(MPa);

　　　σ_B——凹模圆角处的摩擦力和弯曲附加应力(MPa)。

筒壁拉应力在拉深初期即取得最大值,如图 4 - 11 所示。因此最大拉深力也是在拉深初期就达到,如图 4 - 12 所示。

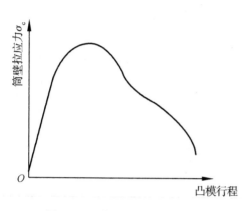

图 4 - 11　筒壁拉应力变化趋势

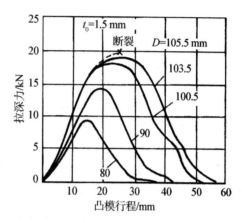

图 4 - 12　拉深力与行程的关系

4.3.2　经验计算

在拉深筒形件时,为了简化计算,生产中可采用经验公式估算拉深力,即

$$P_{max} = 3(\sigma_b + \sigma_s)(D_0 - d - r_d)t_0 \tag{4-7}$$

式中:σ_s　　——材料屈服应力(MPa);

　　　σ_b　　——材料抗拉强度(MPa);

　　　D_0　　——毛坯直径(mm);

　　　d　　——筒形件直径(mm);

　　　r_d　　——凹模圆角直径(mm);

　　　t_0　　——毛坯厚度(mm);

　　　P_{max}　　——拉深力(kN)。

4.4　拉深毛坯尺寸计算和拉深系数

4.4.1　拉深毛坯尺寸计算

拉深毛坯尺寸计算主要根据金属塑性变形体积不变原理,并略去拉深过程中的壁厚变化。采用拉深前后毛坯与工件表面积相等的原则进行,此种方法称作等面积法。这种计算方法只是近似的。

　　板料的各向异性以及板料厚度不均匀、毛坯定位不准确或者凸模和凹模之间的间隙不均匀等因素,会导致拉深件边缘不整齐,拉深后要修边。因此,在计算毛坯直径时应考虑修边余量。筒形件的修边余量参考表 4-1 确定。

表 4-1　筒形件修边余量

零件高度 h/mm	修边余量 Δh/mm			
	工件相对高度 $h/d=0.5\sim0.8$	工件相对高度 $h/d=0.8\sim1.6$	工件相对高度 $h/d=1.6\sim2.5$	工件相对高度 $h/d=2.5\sim4$
10	1	1.2	1.5	2
20	1.2	1.6	2	2.5
50	2	2.5	3.3	4
100	3	3.8	5	6
150	4	5	6.5	8
200	5	6.3	8	10
250	6	7.5	9	11
300	7	8	10	12

筒形件毛坯尺寸计算过程如下:

(1)将拉深件划分为若干个简单的几何体;

(2)分别求出各简单几何体的表面积;

(3)把各简单几何体面积相加即为零件总面积;

(4)根据表面积相等原则,求出板料直径。

图 4-13 所示的筒形件毛坯尺寸计算公式如下:

$$\frac{\pi}{4}D^2 = A_1 + A_2 = A_3 = \sum A_i$$

$$A_1 = \pi d(H-r)$$

$$A_2 = \frac{\pi}{4}[2\pi r(d-2r)+8r^2]$$

$$A_3 = \frac{\pi}{4}(d-2r)^2$$

$$D_0 = \sqrt{\frac{4}{\pi}\sum A_i}$$

$$D_0 = \sqrt{(d-2r)^2+4d(H-r)+2\pi r(d-2r)+8r^2} = \sqrt{d^2+4dH-1.72dr-0.56r^2}$$

$$(4-8)$$

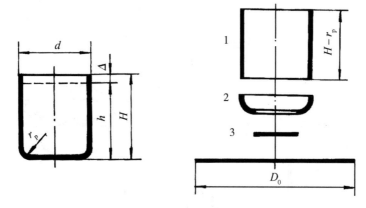

图 4 - 13　筒形件几何划分

4.4.2　拉深系数

拉深系数是拉深后筒形件直径与拉深前毛坯直径之比,即

$$m = \frac{d}{D_0} \qquad\qquad (4-9)$$

式中:d ——拉深后筒形件直径(mm);

　　　D_0 ——毛坯直径(mm)。

拉深系数 m ($m < 1$)反映了拉深时材料变形程度的大小。m 越小,表明拉深前后直径差别越大,变形程度越大。拉深系数值决定了拉深件的精度和质量,当 m 值小于一定数值时,需要采取有效的工艺措施来防止拉深件的起皱、破裂或者其他质量问题。

拉深系数 m 是拉深工艺中的一个重要参数,是拉深工艺计算和模具设计的重要依据。

有时也用拉深比作为衡量拉深件变形程度的指标。拉深比为

$$K = \frac{1}{m} = \frac{D_0}{d} \qquad\qquad (4-10)$$

由式(4-10)可知,K 值越大,变形程度越大。

4.5　拉深件的起皱与破裂

起皱和破裂是拉深成形的两类性质不同的工艺问题,对拉深件质量有重要的影响。因此,对起皱和破裂现象进行分析与研究对于提高工艺技术水平、减少试验次数、节约材料、工时和费用具有十分重要的意义。

4.5.1　起皱

1)机理

拉深时凸缘部分(或凸模、凹模部分)的切向压应力大到超出材料的抗失稳能力,凸缘部分(或凸模、凹模部分)材料会失稳而发生隆起现象,这种现象称起皱,如图 4 - 14 所示。起皱首先在切向压应力最大的外边缘发生,严重时引起破裂。

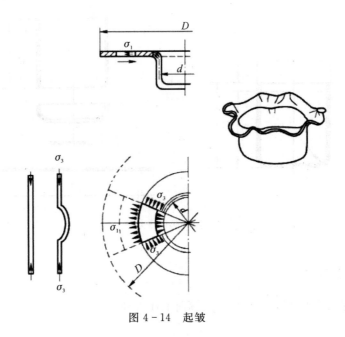

图 4-14　起皱

2）类型

根据皱褶出现的部位不同，起皱有外皱和内皱之分。外皱是出现在拉深件凸缘外区的皱褶，内皱是出现在凸模和凹模之间悬空部分材料上的皱褶，如图 4-15 所示。

3）起皱条件

皱褶的产生受到诸如拉深系数、板料相对厚度、模具结构类型与几何参数、润滑状态和材料硬化指数等多方面因素的制约。其中，起皱的主要影响因素为板料相对厚度 $\frac{t_0}{D_0}$（板料抗失稳刚度）和拉深系数。

(a)　　　　　　　　　　(b)

图 4-15　起皱类型

(a)外皱；(b)内皱

判断是否起皱，可用公式法和图表法。

(1)公式法，即

$$\frac{t_0}{D_0} \geqslant k(1-m)$$

式中：k ——修正系数，查表 4-2 确定。

(2)图表法，即通过图 4-16 所示的曲线图来判定。

表 4 - 2　起皱条件修正系数值

材　　料	修正系数 k
退火铜、黄铜、软钢	1/8.7
镇静钢、7/3 黄铜、铝	1/6.3
铝	7/80

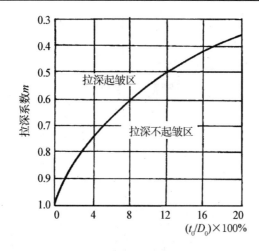

图 4 - 16　首次拉深时的起皱临界线

在拉深成形过程中,随着拉深进行:切向压应力不断增大;变形区变小,厚度相对增加,变形抗失稳能力增加。两种作用的相互抵消,使凸缘在拉深初期最易起皱,即 $R = (0.8 \sim 0.9)R_0$,如图 4 - 17 所示。

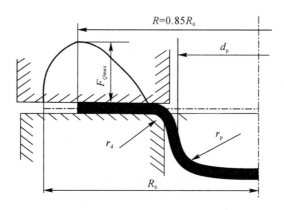

图 4 - 17　压边力理论变化曲线

4)防皱措施

(1)压边圈。

压边圈是将凸缘材料压紧在凹模面上限制起皱的一块板件,分为刚性(固定)压边圈和弹性压边圈两种。刚性(固定)压边圈刚性地固定在凹模上,与凹模表面之间的距离是固定不变的。双动压机拉深时的(固定压边圈)形式如图 4-18 所示。

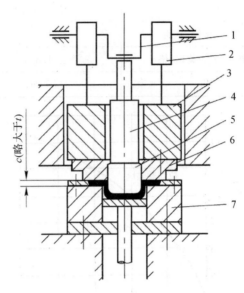

图 4-18　固定压边圈(双动压机拉深)

1—曲轴;2—凸轮;3—外滑块;4—内滑块;

5—拉深凸模;6—压边圈;7—拉深凹模

　　图 4-19 所示的弹性压边圈是拉深模中最为普遍的压边装置。压边圈是与弹性元件连接在一起,压边圈与凹模表面之间的距离是变化的。

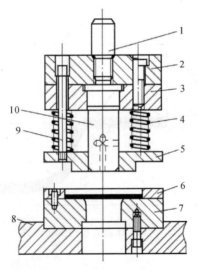

图 4-19　弹性压边圈

1—模柄;2—上模座;3—凸模固定板;4—弹簧;5—压边圈;6—定位板;

7—凹模;8—下模座;9—卸料螺钉;10—凸模

(2)拉深筋(防皱埂)。

拉深筋(防皱埂)就是在凹模面上设置的筋条(凸起),使材料从凸缘进入凹模型腔时在拉深筋(防皱埂)上产生弯曲和反弯曲变形,从而使凸模和凹模之间无约束材料的径向拉伸应力增大,达到防皱的目的。拉深半球形件时用拉深筋防止内皱的方式,如图 4-20 所示。

(3)反拉深。

反拉深是将首次拉深后的半成品拉深件倒扣在凹模上进行拉深,如图 4-21 所示。反拉深材料进入凹模型腔前增加了弯曲、反弯曲变形和摩擦作用,使径向拉应力增大,切向压应力作用相应减小,从而有效地防止起皱。

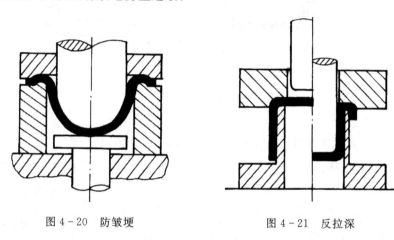

图 4-20　防皱埂　　　　　　　　　　图 4-21　反拉深

(4)曳物线/锥形凹模拉深。

与普通凹模相比,用曳物线凹模拉深(见图 4-22)时,只是凸缘外边缘与凹模面接触,周向接触摩擦力较大,从而起到了防皱的作用。曳物线凹模加工比较复杂,主要用于多次拉深时的首次拉深,而且板料厚度不可太薄。

有时为了简化加工,用锥形凹模代替曳物线凹模,如图 4-23 所示。

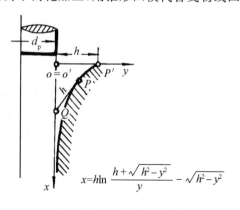

$$x = h\ln\frac{h + \sqrt{h^2 - y^2}}{y} - \sqrt{h^2 - y^2}$$

图 4-22　曳物线凹模拉深

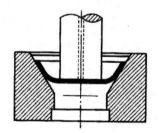

图 4-23　锥形凹模拉深

4.5.2　破裂

保证拉深成形过程顺利进行的必要条件为,筒壁传力区材料所承受的最大拉应力应当小于其危险断面的抗拉强度(或称承载能力)。当不满足此条件时,拉深过程会出现破裂现象,如图4-24所示。对拉深成形来讲,破裂是一种破坏性的成形障碍,一旦出现,成形即告失败。

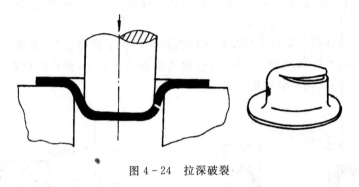

图4-24 拉深破裂

1.机理

拉深中厚度变薄主要集中于底部圆角部分及筒侧壁部分,变薄最严重的部位称作危险断面。危险断面是最容易破裂的部位。

拉深时材料各部分厚度都发生变化,但变化是不均匀的,如图4-25所示。凸缘外边缘厚度变化最大,拉深件成形后,拉深件的筒口材料最厚,沿壁部向下逐渐减薄,而材料底部由于摩擦作用(拉深凸模与底部材料间)阻止材料的伸长变形而材料变薄程度较小,而凸模圆角部分材料拉深中始终受凸模圆角的顶压及弯曲作用,而且在整个拉深中一直受到拉应力作用,造成此处变薄程度最大。

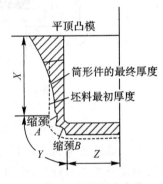

图4-25 板料厚度变化

拉深后材料发生塑性变形,引起材料的冷作硬化。由于各部分变形程度不一样,冷作硬化的程度亦不一样。其中口部最大,往下硬化程度降低,接近底部时,由于变形较小,冷作硬化程度最小,材料的屈服极限和强度都较低,此处最易产生拉裂现象。

筒壁与凸模圆角相切点稍靠内侧的材料,不仅厚度薄,而且受到凸模的有利摩擦也小。

综上所述,拉深过程中筒形件危险断面位于筒壁与凸模圆角相切点稍靠内侧。筒侧壁的径向拉应力超出材料极限时便出现拉裂现象。拉深件破裂一般发生在最大拉深力出现之前的拉深成形初始阶段。

2.极限拉深系数

衡量材料拉深破裂的指标是极限拉深系数 m_{lim},指在危险断面不被拉破的条件下所能采用的最小拉深系数。如果拉深件的拉深系数小于材料的极限拉深系数,那么拉深过程中板料会破裂。

3.极限拉深系数的确定

由于影响材料拉深系数的因素很多,因此理论计算与实际相差太大,各种材料的拉深系数都是由实验方法获得的。

设危险断面抗拉强度为 σ_i,由于拉深件筒壁受力状态类似于两端受拉力的薄壁管,内部有凸模支撑,所以可以近似认为筒壁受拉时属于平面应变状态,从而有

$$\sigma_i = \frac{2}{\sqrt{3}}\sigma_b \qquad (4-11)$$

筒壁不发生破裂的临界条件可表示为

$$\sigma_c^{max} = \sigma_i \qquad (4-12a)$$
$$P = \pi \cdot d \cdot t \cdot \sigma_c \cdot \sin\varphi \qquad (4-12b)$$
$$P_{max} = \pi \cdot d \cdot t_0 \cdot \sigma_c^{max} \qquad (4-12c)$$

联立式(4-12)求解,可得

$$\frac{1}{m_{lim}} = 1 + \frac{r_d}{d} + \frac{2\pi}{3\sqrt{3}}\frac{\sigma_b}{\sigma_b + \sigma_s} \qquad (4-13)$$

有学者考虑了材料厚度异性指数 r 的影响后,给出

$$\sigma_i = \frac{1+r}{\sqrt{1+2r}}\sigma_b$$

经推导,可得

$$\frac{1}{m_{lim}} = 1 + \frac{r_d}{d} + \frac{\pi(1+r)}{3\sqrt{1+2r}} \cdot \frac{\sigma_b}{\sigma_b + \sigma_s} \qquad (4-14)$$

4.5.3 拉深性及其影响因素

拉深性指材料对拉深成形的适应能力,通常指不发生破裂的最大可能性。不同的材料其拉深性也不同,对拉深性的评价有多种实验方法。最常用的拉深性指标是极限拉深系数。极限拉深系数的值小,拉深性好;反之,拉深性差。

凡是能增加毛坯筒壁传力区拉应力及减少危险断面强度的因素均使 m_{lim} 加大。相反,凡是可以降低筒壁传力区拉应力及增加危险断面强度的因素均使 m_{lim} 降低。

影响拉深性(拉深系数)的主要因素如下。

1.材料的内部组织和机械性能

材料的组织结构是单相、晶粒大小均匀、晶粒度为 5～7 级时,拉深性好。

在材料性能指标中,硬化指数 n 和厚向异性指数 r 对拉深性的影响最为显著。

硬化指数 n 表示在塑性变形中材料的硬化强度:

$$\sigma = \varepsilon^n$$

由上式可知,n 值越大,则材料抵抗拉伸失稳的能力越高。在拉深过程中,危险断面受拉变薄,n 值大的板料能以加速硬化来弥补因变薄造成的强度损失。因此,n 值越大,拉深性越好。n 对 m_{lim} 的影响如图 4-26 所示。

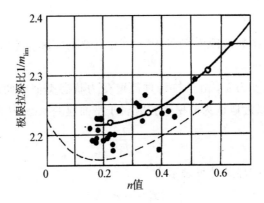

图 4-26 n 对 m_{lim} 的影响

厚向异性指数 r 是板料宽度应变和厚度应变之比：

$$r = \frac{\varepsilon_b}{\varepsilon_t} = \frac{\ln \dfrac{b}{b_0}}{\ln \dfrac{t}{t_0}}$$

由上式可知，r 值的大小表明板料受单向拉伸应力作用时，板平面方向和厚度方向上变形的难易程度。r 值越大，板料在厚度方向越难变形，越有利于减小材料的变薄量，同时凸缘材料较易发生周向压缩变形，因而对拉深有利。r 对 m_{lim} 的影响如图 4-27 所示。

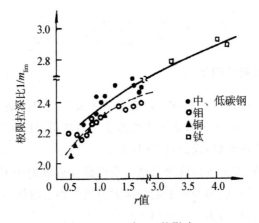

图 4-27 r 对 m_{lim} 的影响

材料的塑性好，屈强比 $\dfrac{\sigma_s}{\sigma_b}$ 小的材料，拉深系数 m 可小些。这是因为：σ_s 小，说明材料易变形；σ_b 大，说明危险断面承载能力高，不易拉断。

2. 板料相对厚度

板料的相对厚度 $\dfrac{t_0}{D_0}$ 越大，拉深性越好。因为相对厚度大时，凸缘材料抗压失稳刚度大，不易失稳起皱，从而可以减小压边力，减小由压边力引起的摩擦阻力，减小筒壁的拉应力，提高拉深性能。图 4-28 所示为板料厚度对极限拉深系数的影响。

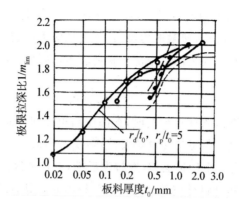

图 4 - 28　板料厚度对 m_{lim} 的影响

3. 拉深方式

有压力圈时,因不易起皱,拉深系数 m 可小些;不用压边圈时,m 应取大些。压边力对拉深性的影响如图 4 - 29 所示。

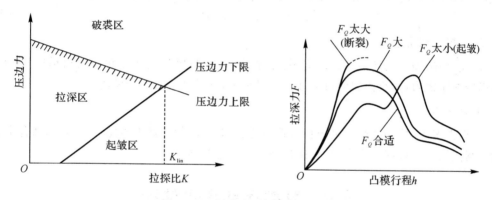

图 4 - 29　压边力对拉深性的影响

4. 模具结构

拉深模的凸模、凹模圆角的大小,以及凸模、凹模之间的间隙大小,对拉深系数影响很大。

模具结构对拉深性的影响如图 4 - 30 所示。

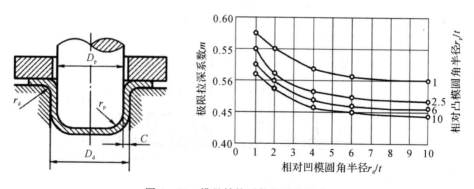

图 4 - 30　模具结构对拉深性的影响

当 r_p 较小时,凸模圆角处材料变形大,板厚减薄严重,使危险断面强度降低。当 r_p 较大时,凸模与板料的接触面积减小,接触应力增大,双向拉应力引起筒底板料的大范围内变薄,使拉深性降低;同时凸模和凹模之间悬空部分材料增多,容易引起内皱。其合理范围是

$$6 \leqslant \frac{r_p}{t_0} \leqslant 15 \tag{4-15}$$

拉深过程中,凸缘材料流入凹模型腔时,在凹模圆角处的弯曲和反弯曲变形以及摩擦均会增加筒壁拉应力。r_d 过小,会使拉深力增大,影响模具寿命。一般来说,较大的 r_d 对拉深是有利的。但过大的 r_d 会减小压边面积,在拉深后期,毛坯外缘过早地离开压边圈,容易起皱;同时因凸模和凹模之间材料悬空部分过大而导致内皱。其合理范围是

$$8 \leqslant \frac{r_d}{t_0} \leqslant 15 \tag{4-16}$$

凸模、凹模之间的间隙对拉深力、零件质量、模具寿命等都有影响。间隙过小,凸模和凹模对筒壁的挤压和摩擦会加重危险断面的负担,导致零件变薄严重,甚至拉裂。间隙过大,易起皱,零件有锥度,回弹增大,影响拉深件的外形准确度。其合理范围是

$$C = (1.1 \sim 1.25)t_0 \tag{4-17}$$

5. 摩擦与润滑条件

凹模、压边圈与毛坯接触面应光滑,要求润滑,但凸模与毛坯接触面要粗糙些,无须润滑,以增加摩擦力,减小拉裂的可能性。一般来说,润滑剂只涂在凹模侧。

6. 拉深速度

一般情况下,拉深速度对极限拉深系数的影响不大,但对速度敏感的金属(如钛合金、不锈钢、耐热钢等),拉深速度大时,极限拉深系数应适当增大。

4.6 筒形件的多次拉深

多次拉深是把零件的拉深过程分为多个工序,顺次逐步完成,即把零件成形所需的总变形量分摊到各次中,使每次拉深的变形量减小,变形抗力降低。图 4-31 所示为用直径为 D_0 的毛坯拉深成直径为 d_n、高度为 h_n 零件的工艺顺序。

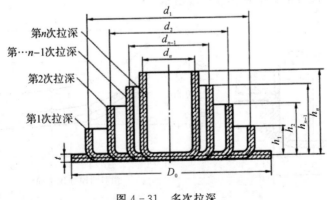

图 4-31 多次拉深

有

$$m = \frac{d}{D_0} = \frac{d_1}{D_0}\frac{d_2}{d_1}\cdots\frac{d}{d_N} = m_1 m_2 \cdots m_N \qquad (4-18)$$

当实际零件的拉深系数 $m \geq$ 极限拉深系数 $m_{\lim}$ 时,可以一次拉深成形;当 $m < m_{\lim}$ 时,需要多次拉深。多次拉深的目的是防止拉裂。

4.6.1　多次拉深的特点

再拉深是指零件在多次拉深过程中,从第二次开始的以后各次拉深。

后续各次拉深所用的毛坯与首次拉深时不同,不是平板而是筒形件。因此,它与首次拉深比,有许多不同之处:

(1)首次拉深时,平板毛坯的厚度和力学性能都是均匀的,而后续各次拉深时筒形毛坯的壁厚及力学性能都不均匀。

(2)首次拉深时,凸缘变形区是逐渐缩小的,而后续各次拉深时,其变形区保持不变,只是在拉深接近终了才逐渐缩小。

(3)首次拉深时,拉深力的变化是变形抗力增加与变形区减小两个相反的因素互相消长的过程,因而在开始阶段较快达到最大的拉深力,然后逐渐减小到零。而后续各次拉深变形区保持不变,但材料的硬化及厚度增加都是沿筒的高度方向进行的,所以其拉深力在整个拉深过程中一直都在增加,直到拉深的最后阶段才由最大值下降至零,如图 4-32 所示。

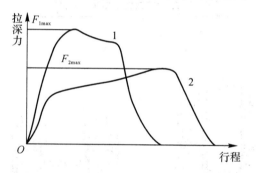

图 4-32　首次拉深与二次拉深的拉深力
1—首次拉深;2—二次拉深

(4)后续各次拉深时的危险断面与首次拉深时一样,都是在凸模的圆角处,但首次拉深的最大拉深力发生在初始阶段,所以破裂也发生在初始阶段,而后续各次拉深的最大拉深力发生在拉深的终了阶段,所以破裂往往发生在结尾阶段。

(5)后续各次拉深变形区的外缘有筒壁的刚性支持,所以稳定性较首次拉深好。只是在拉深的最后阶段,筒壁边缘进入变形区以后,变形区的外缘失去了刚性支持,这时才易起皱。

(6)首次拉深后,材料产生硬化,再拉深时又要经过两次弯曲和反弯曲变形后才被拉入凹模,使变形区变形抗力增加。因此再拉深时,材料的变形程度不能达到首次拉深时的变形程度,极限拉深系数要比首次拉深大得多,而且通常后一次都大于前一次,但各次再拉深过程之间相差不大。

4.6.2 多次拉深的方式

由于再拉深时的毛坯为筒形件,带来了防皱和定位问题,所以生产中再拉深常采用如下方法。

1)正拉深

正拉深是指当前拉深与前次拉深材料流动方向一致,适用于相对厚度较大的零件成形,如图 4-33(a)所示。

2)反拉深

反拉深是指当前拉深与前次拉深材料流动方向不一致,如图 4-33(b)所示。反拉深与正拉深的区别在于凸模对毛坯的作用方向正好相反。反拉深时,凸模从毛坯的底部反向压下,使毛坯的内表面成为外表面,外表面成为内表面。反拉深具有防止起皱的作用。一般来说,反拉深的拉深极限系数可比正拉深降低 10%~15%,拉深力增大 10%~20%。

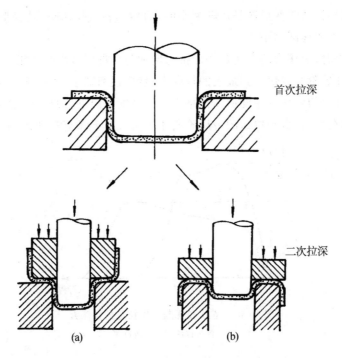

图 4-33 首次拉深与二次拉深

(a)正拉深;(b)反拉深

3)带料连续拉深

带料连续拉深是典型的多工序冲压工艺。带料连续拉深是利用多工位连续模在带料上进行多道拉深,最后将工件从带料上冲裁下来。这样就省掉了每道工序的进出料装置,便于自动化生产。

带料连续拉深多用于小型的带凸缘或不带凸缘的空心零件的拉深成形,工件的侧壁可以具有各种形状的孔或槽。带料连续拉深工艺受工件尺寸及材料性能的限制。由于最后成形工序的凸模强度及带料搭边强度限制,连续拉深件的外形尺寸(直径或长度)一般不超过

50 mm,带料厚度一般为 0.1~2 mm。

带料连续拉深分为无工艺切口拉深和有工艺切口拉深两种形式。无工艺切口连续拉深即在整体带料上拉深,材料的变形区域不与带料分开,如图 4 - 34 所示;有工艺切口连续拉深是在零件的相邻处切开,材料的变形区域与带料分开,如图 4 - 35 所示。

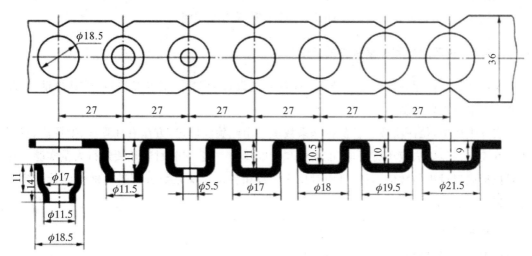

图 4 - 34 无工艺切口连续拉深

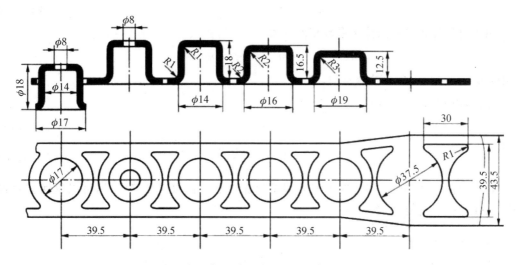

图 4 - 35 有工艺切口连续拉深

(1)无工艺切口连续拉深。无工艺切口连续拉深与有工艺切口的相比,可以减少材料的消耗,省掉切口工序,简化模具结构。但是,在拉深过程中由于带料边缘容易起皱,影响变形过程的顺利进行,势必要增加拉深次数。因此,这种方法仅适用于材料塑性较好的小型零件。

(2)有工艺切口连续拉深。有工艺切口连续拉深是用不同形式的切口将毛坯变形区域与带料部分的分开,使之尽可能地减小带料不变形部分对毛坯拉深变形的影响。

典型的切口形式有标准切口、单圈切口、双圈切口等三种。

标准切口的特点是工序简单,但是拉深过程中条料宽度缩小,不利于定位。单圈切口在使用过程中,条料宽度基本不变,工序也较简单,但模具寿命比标准切口略短,同时在拉深过程中材料拉入凹模时,会使带料侧边搭边弯曲起皱,影响送料。

双圈切口使带料在拉深过程中其宽度和送进步距可保持不变,但模具制造复杂,材料消耗多,只有在零件质量要求高时才使用,一般情况下很少使用。

4.6.3 拉深次数和拉深系数的分配

拉深次数和拉深系数的分配是多次拉深工艺设计的关键,对产品质量、模具数量、废品率和生产率有重要的影响。

实际生产中,拉深次数和各次拉深系数多采用经验法确定,方法有计算法、推算法、查图法和查表法。经验法应用简便,但准确性和精度要差一些,对新材料还要进行大量实验。通过对拉深成形过程的数值模拟,进而对拉深次数和各次拉深系数分配进行优化设计受到广泛重视。

1. 计算方法

由多次拉深时材料的变形特点可知:

$$m_1 < m_2 \leqslant m_3 \leqslant m_4 \leqslant \cdots \leqslant m_N \qquad (4-19)$$

由于再拉深各次极限拉深系数相差不大:

$$m_2 = m_3 = m_4 = \cdots = m_N = m_s \qquad (4-20)$$

式中:m_s——再拉深极限拉深系数。

于是,由式(4-18),得

$$m = m_1 m_s^{N-1} \qquad (4-21a)$$

$$N = 1 + \frac{\ln(m/m_1)}{\ln m_s} \qquad (4-21b)$$

计算出的 N 加上 0.5 后,四舍五入即是拉深次数。拉深次数确定后,可以返回去对再拉深各次拉深系数做适当的调整。

2. 推算方法

查表可以得到 $m_1, m_2, \cdots, m_N$,然后计算每次拉深的圆筒直径:

$$d_1 = m_1 D_0$$
$$d_2 = m_2 d_1 = m_1 m_2 D_0$$
$$\cdots\cdots$$
$$d_n = m_N d_{N-1} = m_1 m_2 \cdots m_N D_0 \leqslant d$$

当 $d_n \leqslant d$ 时,计算的次数即为拉深次数。

无凸缘筒形件用压边圈拉深时的各次极限拉深系数见表 4-3,无凸缘筒形件用压边圈拉深时总的极限拉深系数见表 4-4。

表 4-3 无凸缘筒形件用压边圈拉深时的各次极限拉深系数

拉深系数	毛坯料相对厚度$(t_0/D_0)\times100$				
	2～1.5	1.5～1	1～0.5	0.5～0.2	0.2～0.06
m_1	0.46～0.50	0.50～0.53	0.53～0.56	0.56～0.58	0.58～0.60
m_2	0.70～0.72	0.72～0.74	0.74～0.76	0.76～0.78	0.78～0.80
m_3	0.72～0.71	0.74～0.76	0.76～0.78	0.78～0.80	0.80～0.82
m_4	0.74～0.76	0.76～0.78	0.78～0.80	0.80～0.82	0.82～0.84
m_5	0.76～0.78	0.78～0.80	0.80～0.82	0.82～0.81	0.84～0.86

注:1. 表中所列小的系数适用于拉深模具有大的圆角半径$(r_d=8t_0～15t_0)$;大的系数适用于小的圆角半径$(r_d=4t_0～8t_0)$。

2. 表值适用于深拉深钢(08、10s 及 15s)与软黄铜。

3. 对于塑性较差的金属(如 20～25 号钢),拉深系数增大 0.015～0.02;对于塑性更好的金属(05,08Z 及 10Z 号钢等),拉深系数减小 0.015～0.02。

4. 退火后的拉深系数,可较表值$(m_2～m_5)$小 0.02～0.03。

表 4-4 无凸缘筒形件用压边圈拉深时总的极限拉深系数

总拉深次数	毛坯的相对厚度$(t_0/D_0)\times100$				
	2～1.5	1.5～1	1～0.5	0.5～0.2	0.2～0.06
1	0.46～0.50	0.50～0.53	0.53～0.56	0.56～0.58	0.58～0.60
2	0.32～0.36	0.36～0.39	0.39～0.43	0.43～0.15	0.15～0.48
3	0.23～0.27	0.27～0.30	0.30～0.33	0.33～0.36	0.36～0.39
4	0.17～0.20	0.20～0.23	0.23～0.27	0.27～0.30	0.30～0.33
5	0.13～0.16	0.16～0.19	0.19～0.22	0.22～0.25	0.25～0.28

注:$r_d=(8～15)t_0$ 时取较小值,$r_d=(4～8)t_0$ 时取较大值。

应当指出,确定拉深次数时尽量选择极限拉深系数,但实际生产中不是所有的情况下都采用极限拉深系数,因为接近极限值的拉深系数会引起毛坯在凸模圆角部位的过分变薄,而且在以后的拉深工序中这部分变薄严重的缺陷会转移到成品零件的侧壁上去,降低零件质量。因此当对零件有较高的要求时,其拉深系数必须稍大于极限拉深系数。

4.7 其他形状零件拉深

其他形状零件拉深主要包括凸缘件拉深、阶梯形件拉深、锥形件拉深、半球形件拉深、盒形件拉深、变薄拉深以及覆盖件拉深等。

4.7.1 凸缘件拉深

凸缘件是带边的筒形件。有凸缘拉深件可以看成是一般筒形件在拉深未结束时的半成品,即只将毛坯外径拉深到等于法兰边(即凸缘)直径 d_f 时拉深过程就结束,因此其变形区的应力状态和变形特点与筒形件相同。

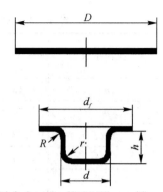

图 4-36 凸缘拉深件

由于有凸缘,因此毛料直径需比无凸缘的筒形件大。拉深时不用压边圈容易起皱,用压边圈筒壁又容易拉裂。因此,凸缘件较筒形件难于拉深,而且凸缘直径越大,拉深越困难。凸缘拉深件如图 4-36 所示。

有凸缘筒形件的拉深系数取决于有关尺寸的三个相对比值: $\dfrac{d_f}{d}$ ($\dfrac{d_f}{d}$ 为凸缘的相对直径, d_f 为凸缘外径; d 为筒形部件的外径)、 $\dfrac{h}{d}$ (零件的相对高度)、 $\dfrac{R}{d}$ (相对圆角半径)。

凸缘件的拉深成形中,首先判断是否需要多次拉深成形。按照相对直径 $\dfrac{d_f}{d}$ 不同,分为窄凸缘件和宽凸缘件。

1)窄凸缘件的拉深成形

窄凸缘件满足条件: $\dfrac{d_f}{d} \leqslant 1.4$ 。

其拉深成形过程如图 4-37 所示。先按筒形件拉深,只是在倒数第二道工序才拉深出凸缘,或是利用锥形压边圈拉出锥形凸缘边,然后进行整形、修边,以获得合格零件。

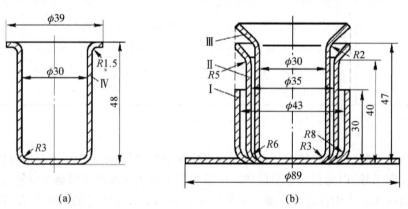

(a)   (b)

图 4-37 窄凸缘件的拉深成形

2)宽凸缘件的拉深成形

宽凸缘件满足条件: $\dfrac{d_f}{d} > 1.4$ 。

宽凸缘件在多次拉深成形过程中特别需要注意的是: d_f 一经形成,在后续的拉深中就不能变动。因为后续拉深时, d_f 的微量缩小也会使中间圆筒部分的拉应力过大而使危险断面破裂。为此,必须正确计算拉深高度,严格控制凸模进入凹模的深度。除此之外,在设计模具时,通常把第一次拉深时拉入凹模的表面积比实际所需的面积多拉深 3%~5%(有时可增加到 10%），即筒形部的深度比实际的要大些。这部分多拉进的材料从第二次开始以后的拉深中逐步分次返回到凸缘上来。这样做既可以防止筒部被拉破，也能补偿计算上的误差和板材在拉深中的厚度变化，还能方便试模时的调整。返回到凸缘的材料会使筒口处的凸缘变厚或形成微小的波纹，但能保持 d_f 不变，不影响工件的质量，而且可通过校正工序得到校正。

（1）中小件（$d_f \leqslant 200$ mm）。各次拉深中凸、凹模圆角半径 r_p，r_d 保持不变，首次拉深中准确拉深出外缘直径 d_f，各次拉深中外缘不动，筒壁直径逐步缩小，高度逐次增大，直到尺寸满足要求。拉深过程如图 4-38(a)所示。

（2）大件（$d_f > 200$ mm）。首次拉深后得到的半成品，其凸模、凹模圆角半径较大，高度约等于零件高度。在以后各道工序中，毛坯高度基本不变，只减小筒径和圆角半径。拉深过程如图 4-38(b)所示。

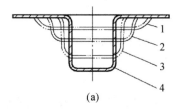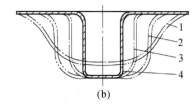

图 4-38　宽凸缘件的拉深成形

注：1～4 为工序顺序。

4.7.2　阶梯形件拉深

如图 4-39 所示，阶梯筒形件从形状来说相当于若干个直壁筒形件的组合，因此它的拉深与直壁筒形件的拉深基本相似，每一个阶梯的拉深即相当于相应的筒形件的拉深。但由于其形状相对复杂，因此拉深工艺的设计与直壁筒形件有较大的差别。这主要表现在拉深次数的确定和拉深方法上。

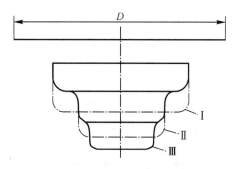

图 4-39　由大阶梯到小阶梯

注：Ⅰ～Ⅲ为工序顺序。

1）判断能否一次拉深成形

根据零件高度与最小直径之比 $\dfrac{h}{d_n}$ 来判断。

2）常用阶梯形件的拉深方法

（1）若任意两个相邻阶梯的直径比 $\dfrac{d_n}{d_{n-1}}$ 都大于或等于相应的筒形件的极限拉深系数，则先从大的阶梯拉起，每次拉深一个阶梯，逐一拉深到最小的阶梯，如图 4-39 所示。阶梯数也就是拉深次数。

（2）若相邻两阶梯直径 $\dfrac{d_n}{d_{n-1}}$ 之比小于相应筒形件的极限拉深系数，则按带凸缘筒形件的拉深进行，先拉小直径 d_n，再拉大直径 d_{n-1}，即由小阶梯拉深到大阶梯，如图 4-40 所示。

图中 $\dfrac{d_2}{d_1}$ 小于相应的筒形件的极限拉深系数,故先拉 d_2,再用工序 V 拉出 d_1。

(3)若最小阶梯直径 d_n 过小,即 $\dfrac{d_n}{d_{n-1}}$ 过小,h_n 又不大时,最小阶梯可用胀形法得到。

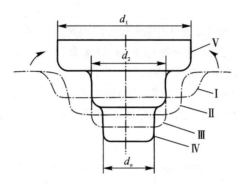

图 4-40　由小阶梯拉深到大阶梯

注:I～V 为工序顺序。

(4)若阶梯形件较浅,且每个阶梯的高度又不大,但相邻阶梯直径相差又较大而不能一次拉出时,可先拉成圆形或带有大圆角的筒形,最后通过整形得到所需零件,如图 4-41 所示。

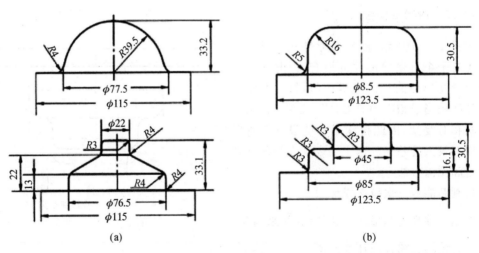

图 4-41　浅阶梯形件的拉深方法

(a)球面形状;(b)大圆角形状

如球面、锥面及抛物面等曲面形状零件的拉深,其变形区的位置、受力情况、变形特点等都与筒形件不同,所以在拉深中出现的各种问题和解决方法亦与筒形件不同。对于这类零件就不能简单地用拉深系数衡量成形的难易程度,也不能用它作为模具设计和工艺过程设计的依据。

4.7.3　锥形件拉深

锥形件的拉深成形主要存在以下问题：

(1)凸模和凹模之间毛料悬空部分太多，容易产生内皱；

(2)凸模顶端与板料的接触面积较小，凸模圆角半径也较小，容易使材料变薄、拉裂；

(3)锥形件口部与底部直径差别大，回弹比较严重。

锥形件的拉深次数及拉深方法取决于锥形件的几何参数，即相对高度 $\frac{h}{d}$、半锥角 α 和相对料厚 $\frac{t_0}{D_0}$，如图 4-42 所示。一般来说：当相对高度较大时，锥角较大；而当相对料厚较小时，变形困难，需进行多次拉深。

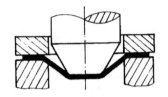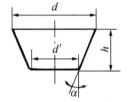

图 4-42　锥形件拉深

根据锥形件几何参数的不同，所用拉深方法也不同。

1)浅锥形件

浅锥形件满足条件：$\frac{h}{d} \leqslant 0.25$，$\alpha = 50° \sim 80°$。

毛坯变形程度小，拉深成形后零件回弹大，不易保证形状。为了保证零件的形状、尺寸精度，必须加大径向拉应力提高胀形成分，即增大成形的复合度。因此，无论零件有无凸缘，均须按有凸缘的零件，用带压边装置的模具一次成形。无凸缘的零件，成形后再经切边修正。宜采用带防皱埂的模具结构一次拉深成形。

2)中等高度锥形件

中等高度锥形件满足条件：$\frac{h}{d} = 0.3 \sim 0.5$，$\alpha = 25° \sim 45°$。

毛坯变形程度不大，成形的主要工艺缺陷是悬空部分拉深变形区的失稳起皱，可利用加大径向拉应力来防止。

板料相对厚度 $\frac{t_0}{D_0} \times 100\% \geqslant 1.5\%$，可一次拉深成形；$\frac{t_0}{D_0} \times 100\% < 1.5\%$，多次拉深成形。

3)深锥零件

深锥零件满足条件：$\frac{h}{d} > 0.5$，$\alpha = 10° \sim 30°$。

毛坯变形程度大，只靠坯料与凸模接触的局部面积传递成形力，极易引起坯料局部过度减薄乃至破裂，所以需要多次过渡，逐渐成形。成形方法一般分为阶梯拉深成形法、逐步拉深成形法、锥面一次成形法、圆筒形过渡法等。

（1）阶梯拉深成形法。如图 4-43 所示，是将毛坯分数道工序逐步拉成阶梯形。阶梯与成品内形相切，最后在成形模内整形成锥形件。

（2）逐步拉深成形法。如图 4-44 所示，先将毛坯拉成圆筒形，使其表面积等于或大于成品圆锥表面积，而直径等于圆锥大端直径，以后各道工序逐步拉出圆锥面，使其高度逐渐增加，最后形成所需的圆锥形。若先拉成圆弧曲面形，然后过渡到锥形将更好些。

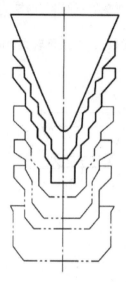

图 4-43　阶梯拉深成形法

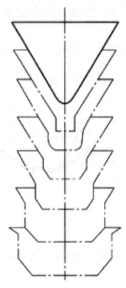

图 4-44　逐步拉深成形法

（3）锥面一次成形法。如图 4-45 所示，先拉出相应的圆筒形，然后锥面从底部开始成形，在各道工序中锥面逐渐增大，直至最后锥面一次成形。

（4）圆筒形过渡法。圆筒形过渡法是先将坯料拉深成筒形，使其面积等于或略大于锥形件面积，直径等于锥形件的大端直径。在以后的过渡拉深过程中，保持口部尺寸不变，只改变底部尺寸，最后成形为锥形件。

4.7.4　半球形件拉深

半球形零件拉深成形时，只有凸模圆顶与毛料接触，毛料在凸模和凹模之间的悬空部分很多，与锥形件拉深相比，更易起内皱。同时，在凸模圆顶附近形成一个变薄严重的环形带，因此容易拉裂。

毛坯面积 $S_0 = \frac{\pi}{4}D_0^2$，半球表面积 $S = \frac{\pi}{2}d^2$，由拉深前后面积相等，有 $D_0 = \sqrt{2}d$，所以拉深系数 $m = 0.707$。另外，半球形

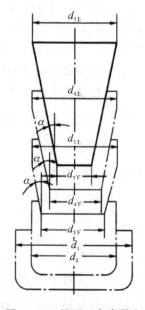

图 4-45　锥面一次成形法

件的相对高度 $\dfrac{R}{d}=0.5$。因此,不能用拉深系数和相对高度作为判断半球形件拉深成形难易和设计工艺过程的依据。

半球形件的拉深系数是常数,易产生内皱。其主要影响因素是板料的相对厚度 $\dfrac{t_0}{D_0}$。

$\dfrac{t_0}{D_0}\times100\%\geqslant3\%$,可不用压边圈直接拉深成形;$\dfrac{t_0}{D_0}\times100\%<3\%$,可用反拉深或带防皱埂的模具拉深成形。当零件成形高度较大或对材料的变薄量限制严格时,可采用多次拉深成形。

图 4-46 所示的反拉深成形:首先拉深出带凸形底部的筒形件,然后再用反拉深成形。

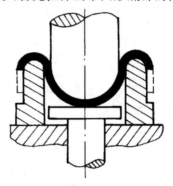

图 4-46　半球形零件的反拉深

4.7.5　盒形件拉深

在进行盒形件拉深时,由于在圆周方向上的变形与应力分布不均匀,所以毛坯变形区内各点的位移与位移速度也不一样。位移速度的方向和大小不同引发变形区(甚至在非变形区)产生切向应力、拉应力和压应力,结果使盒形件拉深时产生与筒形件拉深时完全不同的变形问题,甚至拉深成形极限、最佳变形参数的确定和拉深工艺制定原则与方法等都与筒形件拉深时有很大甚至是本质的差别。

1.盒形件拉深的变形特点

为了便于理解盒形件的拉深变形特点,通常人为地把盒形件划分为四个直边部分和四个半径为 r 的圆角部分。但是,直边和圆角连成一整体,变形时相互制约,形成了盒形件拉深时的特点。

在不考虑直边部分和圆角部分在变形上互相影响的前提下,平板毛坯拉深成盒形件时,直边部分只产生反复的弯曲变形,而圆角部分相当于筒形件拉深变形。直边部分在通过凹模圆角区时,只产生弯曲和反弯曲变形,不产生其他形式的变形,所以直边部分拉入凹模的阻力仅是弯曲变形阻力和摩擦阻力;圆角部分被拉入凹模的阻力,由拉深变形阻力与毛坯通过凹模圆角时产生的摩擦阻力和弯曲变形阻力组成,其值远大于直边部分的拉入阻力。盒形件拉深时毛坯各部分拉入凹模阻力沿凹模上口的分布是不均匀的,圆角部分的拉入阻力(拉应力)大于直边部分。

　　事实上,盒形件的直边部分和圆角部分并不是处于各自独立的状态,这两部分是相互影响的整体毛坯。因此,如图 4-47 所示,圆角部分的拉深变形会向直边部分扩展,使直边受到切向挤压,产生一定程度的拉深变形,其结果使圆角部分本身的拉深变形得到减轻。盒形件的 $\frac{r}{b}$ 越大,这些现象越严重。

　　盒形件拉深时,由于凸缘变形区直边处产生切向压缩变形,使圆角处的应变强化得到缓和,从而降低了圆角部分传力区的轴向拉应力,相对提高了传力区的承载能力。

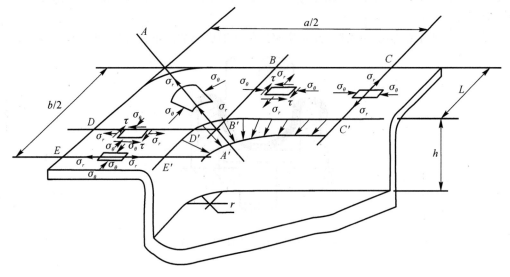

图 4-47　盒形件拉深

　　直边部分与圆角部分的变形性质不同,它们在拉深过程中产生的径向伸长变形也不一样。伸长变形较小的直边部分,具有较大的位移速度,结果使直边部分和圆角部分之间的金属产生诱发的切向应力和剪切变形。在圆角部分和直边部分的中线上,不受切向应力的作用。

　　直边部分通过切向应力的作用,带动阻力较大的圆角部分拉入凹模,使圆角部分侧壁内的拉应力降低、侧壁内拉应力沿周边的分布趋于均匀,而且越接近于盒形件的底部,因切向应力引起的均匀化程度越大。这样,圆角部分的底部就不再是拉应力最大的危险断面,而拉应力最大的危险断面已转移到圆角部分的凹模圆角区的出口,即稍低于凹模圆角的部位。

　　盒形件拉深时,材料的变形程度通常以盒壁的相对高度 $\frac{h}{r}$ 作为指标,$\frac{h}{r}$ 越大,材料的变形程度越大,$\frac{h}{r}$ 有最大值 $\left(\frac{h}{r}\right)_{\max}$。

　　盒形件一次拉深成形的判断条件:$\frac{h}{r} \leqslant \left(\frac{h}{r}\right)_{\max}$ 时,可一次拉深成形;否则需多次拉深。由平板毛坯一次拉深可能达到的最大相对高度 $\left(\frac{h}{r}\right)_{\max}$ 决定于相对隅角半径 $\frac{r}{b}$ 和板料相对厚度 $\frac{t_0}{b}$,可查表 4-5 确定。

表 4 – 5 盒形件首次拉深的最大相对高度 $\left(\dfrac{h}{r}\right)_{\max}$

$\dfrac{r}{b}$	最大相对高度					
	方形盒			矩形盒		
	板料相对厚度 $t_0/b \times 100\%$					
	0.3%~0.6%	0.6%~1.0%	1.0%~2.0%	0.3%~0.6%	0.6%~1.0%	1.0%~2.0%
0.05	5.0	5.5	6.0	5.0	5.5	6.0
0.1	4.5	5.0	5.5	4.5	5.0	5.5
0.2	3.5	3.8	4.2	3.8	4.2	4.6
0.3	2.8	3.2	3.5	3.2	3.5	3.8
0.4	2.2	2.5	2.8	2.5	2.8	3.1

　　根据盒形件能否一次拉深成形,将盒形件分为两类:能一次拉深成形的盒形件称为低盒形件;需经多次拉深才能成形的盒形件称为高盒形件。

　　由于盒形件拉深时变形的不均匀性及各因素对变形影响的复杂性,因此想找到一种理想的毛坯形状适用于各种几何参数的零件是不可能的,只能对不同几何参数范围给出相应的较为合理的毛坯形状。

　　盒形件毛坯展开所依据的原理与筒形件毛坯展开的原理相同,即毛坯面积等于盒形件面积。

2. 盒形件毛坯形状和尺寸的确定

1) 低盒形件

　　对于低盒零件,拉深过程中隅角部分材料向直壁部分转移量小,所以其毛坯按下述方法展开:首先将零件的直壁部分按照弯曲变形展开,将隅角部分按照筒形件展开;然后再用圆弧将切线和直边展线连接起来,过 BC 中点 G 和另一边 DE 的中点 H 作圆弧 R 的切线,由此展开的板料形状如图 4 – 48 所示。拉深时圆角部分多出的面积向直边转移以补充直边部分面积的不足。

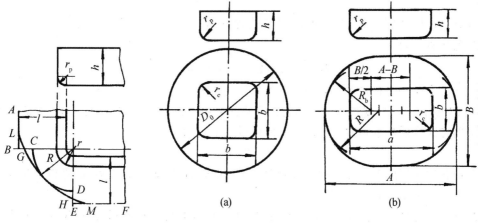

图 4 – 48 盒形件毛坯展开
(a)正方形盒形件;(b)矩形盒形件

直壁部分展开长度为

$$H = H_0 + \Delta H$$
$$l_0 = H + 0.57 r_p$$

隅角部分展开半径为

$$R = \sqrt{r^2 + 2rH - 0.86 r_p (r + 0.16 r_p)}$$

2)高盒形件

高盒形件多次拉深的关键是拉深次数和各次拉深工序件的外形设计。

方形盒形件多次拉深时,采用直径为 D_0 的毛坯,各中间工序件为圆筒形,最后一次拉深成方形盒形件,如图 4-49 所示。

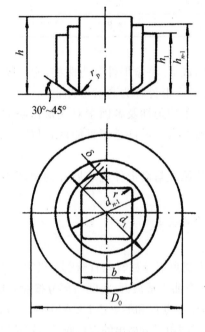

图 4-49　方形盒形件的多次拉深

计算是由倒数第二道工序,即 $n-1$ 道工序开始。

其毛坯直径为

$$D_{n-1} = \sqrt{2}(B - 2r) + 2r + 2\delta$$

式中:δ——毛坯内表面到零件内表面在圆角处的距离。

δ 值对拉深变形程度和变形的均匀性有直接影响,即 δ 是用来控制变形的,保证沿盒形件周边的伸长变形基本相同。合理的 δ 值可按照下式确定:

$$\delta = (0.2 \sim 0.5)r \tag{4-22}$$

其他各次拉深的工序件尺寸可按圆筒件多次拉深计算,即由直径 D_0 的平板毛坯拉深成直径为 D_{n-1}、高度为 H_{n-1} 的圆筒。

矩形盒形件多次拉深时,采用直径为 D_0 的毛坯,先拉深为椭圆形,最后拉深成矩形盒形件,如图 4-50 所示。

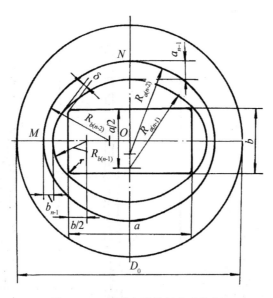

图 4 - 50 矩形盒形件的多次拉深

矩形盒形件计算是由倒数第二道工序,即 $n-1$ 道工序开始,得到 $n-1$ 次拉深后的工序间外形和尺寸。

$$R_{a(n-1)} = 0.705a - 0.41r + \delta \left.\right\}$$
$$R_{b(n-1)} = 0.705b - 0.41r + \delta \left.\right\} \qquad (4-23)$$

式中:$R_{a(n-1)}$,$R_{b(n-1)}$ —— $n-1$ 次拉深椭圆形工序件在短轴和长轴上的曲率半径。

判断从直径为 D_0 的毛坯转变为高度为 H_{n-1} 的椭圆筒是否可以一次拉深成形:按照矩形盒拉深方法确定,即若 $\dfrac{H_{n-1}}{r} \leqslant \left(\dfrac{h}{r}\right)_{\max}$,可一次拉深成形,否则需多次拉深。

如为多次拉深,按下式计算 $R_{a(n-2)}$、$R_{b(n-2)}$:

$$R_{a(n-2)} = \frac{R_{a(n-1)}}{m_{n-1}} \left.\right\}$$
$$R_{b(n-2)} = \frac{R_{b(n-1)}}{m_{n-1}} \left.\right\} \qquad (4-24)$$

式中:m_{n-1} ——参照筒形件拉深系数取值。

同时,两次拉深工序之间的壁间距离应满足

$$\frac{R_{a(n-1)}}{R_{a(n-1)} + a} = \frac{R_{b(n-1)}}{R_{b(n-1)} + b} = 0.75 \sim 0.85 \qquad (4-25)$$

4.7.6 变薄拉深

变薄拉深成形是拉深凸模和凹模之间的间隙小于板料厚度,使板料在拉深成形过程中,厚度得到预计减薄量的塑性成形方法,如图 4 - 51 所示。利用变薄拉深可获得高径比很大的零件,使零件底部厚度大于壁部。变薄拉深工艺主要适用于制造高度大、壁薄而底厚的筒形件,如制造弹壳、雷管套、高压容器等薄壁零件。变薄拉深在制造波纹管、多层电容等的薄壁管状毛坯时也是重要的工艺方法。

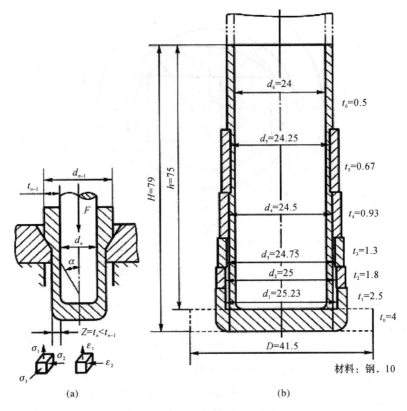

（a）   （b）

材料：钢，10

图 4-51　变薄拉深

　　变薄拉深的毛坯多数是用不变薄的普通拉深方法或是用挤压方法得到的圆筒形毛坯，有时也可直接用平板毛坯。

　　1. 变薄拉深工艺特点

　　(1)变薄拉深时，材料的变形较大，金属晶粒致密，制件的强度高；

　　(2)变薄拉深件的表面粗糙度值低，Ra 可达 0.4 μm 以内；

　　(3)变薄拉深件壁厚偏差低，可达±0.01 mm 以内，而且上下均匀一致；

　　(4)变薄拉深件残余应力较大，储存时可能自行开裂，需以低温回火消除；

　　(5)没有起皱问题，不需压料装置，模具结构可以简化。

　　2. 变薄拉深形式

　　1）按拉深件内径是否变化分类

　　内径基本不变的变薄拉深是在变薄拉深过程中，只是壁厚减薄，内径减小不明显（为了便于凸模顺利地套入毛坯，坯料直径略大于凸模直径），即变薄拉深过程主要依靠毛坯壁厚的减薄来增加筒壁高度，而毛坯的内径变化很小。

　　内径缩小的变薄拉深指变薄拉深过程中，壁厚减薄的同时，直径也在缩小（多次拉深和变薄拉深的复合）。

2）按所采用的凹模数目分类

单模变薄拉深是凸模一次行程只通过一个凹模。

多模变薄拉深是凸模一次行程通过两个或两个以上的直径不同的凹模。这种方式能提高一次行程的变形程度,得到较大的变薄效果。

多模变薄拉深的凹模布置形式有两种:串列式多模变薄拉深和连续式多模变薄拉深。串列式多模变薄拉深是将两个或两个以上的凹模沿轴线方向串在一起,凹模之间的距离要保证拉深件从前一个凹模完全脱出后再进入下一个凹模。连续式多模变薄拉深是将两个或两个以上的凹模沿轴线方向串在一起,使拉深件能同时在几个凹模内工作。连续式多模变薄拉深相比串列式多模变薄拉深变形程度提高,工序次数减少。

3. 变形程度

变形程度用变薄率 φ 表示:

$$\varphi = \frac{A_0 - A}{A_0}$$

式中:A_0 ——变薄拉深前工件的横剖面积（mm²）;

A ——变薄拉深后工件的横剖面积（mm²）。

φ 越大,材料的变形程度越大。

对内径基本不变的变薄拉深,有

$$\varphi = 1 - \frac{d_0 + t}{d_0 + t_0} \cdot \frac{t}{t_0} \tag{4-26}$$

式中:d_0 ——筒壁内径（mm）;

t_0、t ——变薄拉深前、后的壁厚（mm）。

若 $\varphi \leqslant \varphi_{max}$,可一次拉深成形;否则需要多次变薄拉深成形。各次材料极限变薄率参考表4-6确定。

表 4-6 常见材料的极限变薄率

材 料	首次变薄系数 φ_1	中间工序变薄系数 φ_2	末次变薄系数 φ_n
铜、黄铜（H68,H80）	0.45~0.55	0.58~0.65	0.65~0.73
铝	0.50~0.60	0.62~0.68	0.72~0.77
低碳钢、拉深钢板	0.53~0.63	0.63~0.72	0.75~0.77
中碳钢（$w_C=0.25\%~0.35\%$）	0.70~0.75	0.78~0.82	0.85~0.90
不锈钢	0.65~0.70	0.70~0.75	0.75~0.80

注:厚料取较小值;薄料取较大值;中碳钢为试用数据。

4.7.7 覆盖件拉深

覆盖件是指覆盖在汽车、拖拉机的内、外表面的大型薄板零件。在汽车上一般是指构成汽车车身或驾驶室、覆盖发动机和底盘的由薄金属板料制成的异形体表面和内部零件。轿车的车前板和车身、载重车的车前板和驾驶室等都是由覆盖件和一般冲压件构成的。按功能和部位分类，覆盖件可分为外部覆盖件、内部覆盖件和骨架类覆盖件三类。其中，外部覆盖件和骨架类覆盖件的外观质量有特殊要求，内部覆盖件的形状往往更复杂。

覆盖件的特点如下：

(1)结构尺寸大，如驾驶室顶盖的毛坯尺寸可达 2 800 mm×2 500 mm；

(2)材料薄，相对厚度小；

(3)形状复杂，不能用简单的几何方程式来描述其空间曲面；

(4)表面质量要求高，不能有破裂、大的皱纹、折叠，就连很小的面畸变、划痕、滑移面等都要避免；

(5)成形过程中，板料变形不均匀。

覆盖件的冲压成形工艺较复杂，多为复合成形，所要考虑的问题也更多，一般需要多道冲压工序才能完成。常用的主要工序有落料、拉深、校形、修边、切断、翻边、弯曲、冲孔等。其中，拉深是最重要的工序。在拉深工序中，毛坯的变形复杂，其成形性质已不是简单的拉深成形，而是拉深和胀形同时存在的复合成形。各类覆盖件的工艺方案各不相同，模具设计结构亦有很大差别。

覆盖件拉深成形的工艺和模具设计中要重点考虑以下问题。

1)拉深件的冲压方向

覆盖件的拉深成形设计，首要是确定冲压方向。冲压方向是指拉深件相对于凸模运动方向的位置关系。

确定拉深冲压方向，应满足如下要求：

(1)保证拉深件凸模能够顺利进入拉深凹模，不应出现凸模接触不到的死区，所有需拉深的部位要在一次冲压中完成，如图 4-52 和图 4-53 所示。

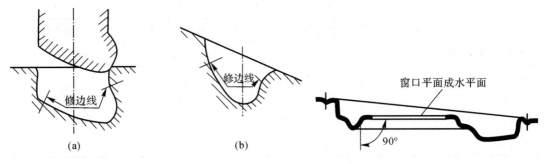

图 4-52　凹型决定冲压方向　　　　图 4-53　反拉深决定冲压方向

(a)凸模不能进入凹模；(b)旋转一角度后凸模能进入凹模

(2)拉深开始时，凸模和毛料的接触面积要大，避免点接触，接触部位应处于冲模中心，以保证成形时材料不窜动。

(3)压料应尽量保证毛料平放，压料面各部位进料阻力应均匀，拉深深度均匀，拉入角相等,才能有效地保证进料阻力均匀。

2)工艺余料

工艺余料是拉深件不可缺少的部分,是为了便于成形,出于工艺角度,需要增加的板料。在拉深完成后要将工艺余料修切掉,过多的工艺余料将增加材料的消耗,如图 4 - 54 所示。因此,应在满足拉深条件下,尽量减少工艺余料,以提高材料的利用率。

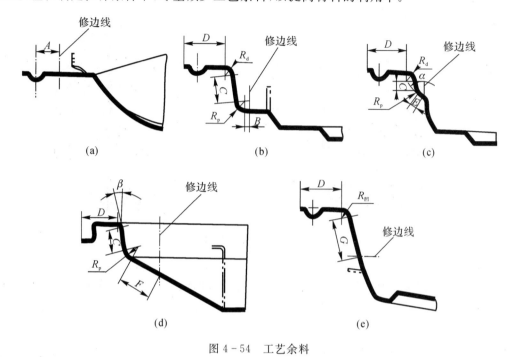

图 4 - 54　工艺余料

工艺余料是在覆盖件以外增加的一部分材料,在后续工序中切除。补充工艺余料的目的如下:

(1)用压边圈把毛坯压紧在凹模面上,防止起皱;

(2)调整覆盖件各处的拉深深度,形成局部直壁,使成形过程中材料变形更加均匀,不易内皱。

3)压料面

压料面指毛坯在凹模圆角以外的凸缘部分,包括覆盖件本身的凸缘边和必要的工艺余料。成形过程中,压料面被压边圈压紧在凹模面上,防止毛坯起皱。

4)拉深筋和拉深槛

覆盖件拉深成形时,在压料面上设置拉深筋或拉深槛,对改变阻力、调整进料速度使之均匀化和防止起皱具有明显的效果,如图 4 - 55 所示。归纳起来设置拉深筋的主要作用如下:

(1)增加局部区域的进料阻力,使整个拉深件进料速度达到平衡状态;

（2）加大拉深成形的内应力数值，提高覆盖件的刚性；

（3）加大径向拉应力，减少切向压应力，防止起皱。

拉深筋的剖面呈半圆弧形。拉深筋一般装在压边圈上，而在凹模压料面上开出相应的槽。拉深筋的数目及位置根据零件的外形、起伏特点和成形深度而定。筋条的位置一定要保证与毛坯流动方向垂直。

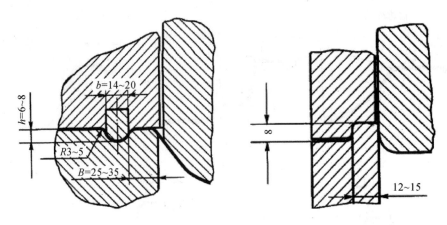

图 4-55 拉深筋和拉深槛

拉深槛的剖面呈梯形，安装于凹模的洞口。拉深槛的流动阻力比拉深筋大，主要用于成形深度浅而外形光滑的零件，这可以减小压边圈下的凸缘宽度和毛坯尺寸。

5）毛坯形状与尺寸

覆盖件毛坯的形状与尺寸，一般按图形拉线估量，加上必要的工艺余料，其中包括考虑送料、压料面的形状位置和修边等三方面的要求。

目前，更多的是通过计算机模拟覆盖件成形过程，从而得到合理的毛坯形状与尺寸。

习　　题

1. 拉深过程中主变形区材料的应力与应变状态是怎样的？

2. 拉深时板料起皱的主要影响因素是什么？防止起皱的方法有哪些？说明其原理。

3. 一般筒形件拉深时的危险断面位于何处？为什么？

4. 什么是拉深系数和极限拉深系数？其作用是什么？

5. 什么是拉深性？分析各因素对拉深性的影响。

6. 拉深时通过危险断面传递的拉深力 F 由哪几部分组成？

7. 图示说明拉深件润滑剂涂布方式，并说明原因。

8. 说明筒形件多次拉深的特点及其拉深方式。

9. 锥形件拉深成形会出现什么问题？

10. 盒形件拉深时有何特点?

11. 推导筒形件高度与直径之比 h/d 与拉深系数 m 的关系。假设拉深过程中板料厚度不变。

12. 装饮料和啤酒的易拉罐采用防锈铝板经拉深、再拉深和变薄拉深而成。易拉罐的高度为 132 mm,直径为 62 mm,筒底厚 0.4 mm,筒壁厚 0.15 mm,计算:

(1)毛料直径取多大?

(2)设首次极限拉深系数为 0.56,需要多少次拉深?

(3)设首次极限变薄率为 0.5,需要多少次变薄拉深?

第5章 旋 压

5.1 旋 压 概 述

5.1.1 旋压

旋压成形是一种利用旋压工具,对装于旋压机上的旋转坯料施加压力,使之产生塑性变形,从而成为所需空心回转体零件的工艺方法。旋压以薄壁回转体成形为主,还包括分离(切割、劈口、剥皮)、焊接(封口)和组合(咬接)。旋压成形的经济性与生产批量、工件结构、设备及劳动费用等有关。在许多情况下,旋压与冲压的其他工艺方法配合应用,以获得最佳的产品质量和经济效益。长期以来,旋压是传统金属加工工艺的一种补充。在中小批量生产时,采用旋压的经济效益一般优于拉深,在成形复杂形状工件时尤为显著。

旋压成形过程如图5-1所示。先将毛坯用尾顶座压紧到芯模上,然后开启机床,芯模带动毛坯随机床主轴旋转。同时,旋轮或旋压头相对芯模和毛坯做线性进给运动,旋轮的运动轨迹与待成形零件的母线一致。毛坯材料在旋轮的多次挤压作用下,产生间断的局部塑性变形与芯模贴合,最后获得所需零件。

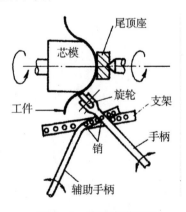

图5-1 旋压成形过程

旋压的工件形状多是旋转体,主要有筒形、锥形、曲母线形和组合形(由前三种相互组合而成)等,如图5-2所示。

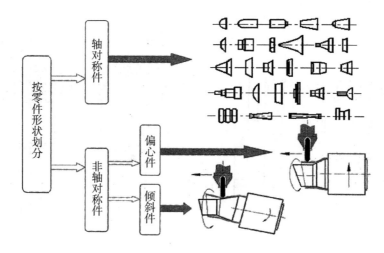

图 5 - 2　旋压成形的零件形状

旋压加工常用材料见表 5 - 1。

表 5 - 1　旋压加工常用材料

材　料	牌　号
优质碳素钢	20 钢、30 钢、45 钢、60 钢、15Mn、16Mn
合金钢	40Cr、40Mn2、30CrMnSi、15MnCrMoV、14MnNi、40SiMnCrMoV、28CrSiNiMoWV、45CrNiMoV、PCrNiMo
不锈钢	1Cr13、1Cr18Ni9Ti、1Cr21Ni5Ti
耐热合金	CH-30、CH128、Ni-Cr-Mo
非铁金属及其合金	T_2、HNi65 - 5、HSn62 - 1、LO_2、LO_8、LF_3、LF_5、LF_6、LF_{12}、LF_{21}、LY_{12}、LD_2、LD_{10}、$LC_{1-17\,164,183,919}$、LT_{24}
难熔金属、稀有金属	烧结纯钼、纯钨、纯钽、铌合金 C-103、Cb-275、纯钛、TC_4、TB_2、纯锆、Zr-2

旋轮是旋压成形的主要工艺装备之一,它对工件施加成形力,并且高速旋转。因此,旋轮承受着很大的作用力和剧烈的摩擦作用,对旋压成形效果有着重大的影响。

一般旋轮采用优质工具钢或高速钢制造,表面抛光,装有具有足够承载能力的轴承。旋轮的结构示意图如图 5 - 3 所示,对于不同的旋压工艺方法,旋轮有所不同。旋轮制造过程(工艺流程)如图 5 - 4 所示。

5.1.2　旋压成形的特点

(1)生产准备周期短,生产成本较低,旋压加工材料利用率高。

旋压成形不需要冲压加工的模具,即使把芯模作为模具,也只是单模,而且结构非常简单;旋轮是通用的,所以旋压成形的生产准备周期短,旋压成形通过塑性变形改变毛坯材料形状,材料利用率高,成本低。

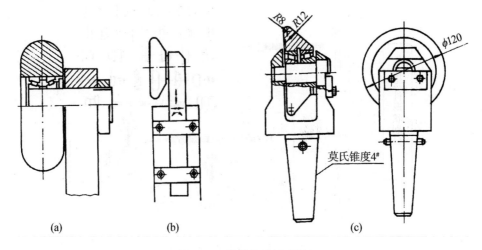

(a)   (b)   (c)

图 5-3　旋轮结构示意图

图 5-4　旋轮制造过程

(2)三向压应力状态,有利于发挥材料的塑性。

旋压过程中,材料通过旋轮的挤压作用产生变形,位于旋轮和芯模之间的材料受到三向压应力作用。

(3)受温度影响综合机械性能有所提高。

旋压成形中,材料晶粒细化并沿工件母线方向拉长,使材料的屈服强度、强度极限以及硬度得到提高。另外,旋压时旋轮与工件之间接触区温度达 500 ℃左右,从而减小或消除了工件的残余应力,提高了零件的疲劳强度。

(4)旋压属于局部连续性加工,瞬间的变形区小(点变形),所需总的变形力较小。

(5)旋压件的尺寸公差等级可达 IT8 左右,表面粗糙度值 $Ra < 3.2\ \mu m$。

有一些形状复杂的零件或高强度难变形的材料,传统工艺很难甚至无法加工,用旋压成形却可以方便地加工出来。

5.1.3　旋压的分类

旋压成形按其变形特点可分为不变薄旋压和变薄旋压。

1)不变薄旋压

不变薄旋压时,料厚基本保持不变,主要是靠改变坯料直径而成形空心旋转体工件。不变薄旋压有普通旋压、缩口旋压和扩口旋压三种,如图 5-5 所示。除用于成形空心旋转体工件外,旋压还可以完成翻边、卷边、铆接、修剪等加工。手工旋压适于中小批量及薄、软坯料加工,半自动或自动旋压则能用于大中批量及厚、硬坯料加工。

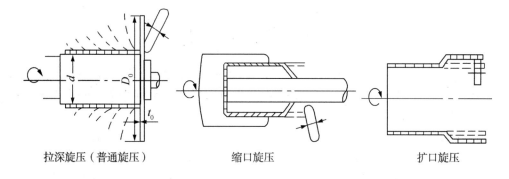

拉深旋压（普通旋压）   缩口旋压   扩口旋压

图 5-5 不变薄旋压

(a)普通旋压(拉深旋压)；(b)缩口旋压；(c)扩口旋压

2)变薄旋压

变薄旋压遵循体积不变条件,形式多样,具体分类如图 5-6 所示。

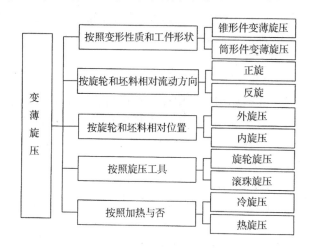

图 5-6 变薄旋压分类

变薄旋压时,在较高的接触压力下坯料壁厚逐点有规律地减薄而外径无显著变化。有锥形件变薄旋压(剪切旋压)和筒形件变薄旋压(强力旋压)两种。前者用于加工锥形、抛物面形等异形件(见图 5-7),后者用于加工筒形件和管件,又分正旋和反旋两种方式(见图 5-8)。

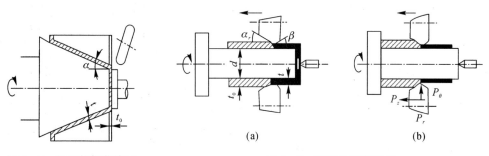

图 5-7 锥形件变薄旋压

图 5-8 筒形件变薄旋压

(a)正旋；(b)反旋

5.2 普通旋压

普通旋压是使平板毛坯渐次包覆于芯模表面形成空心件的一种旋压方法,其宏观效果类似于拉深成形,故又称拉深旋压。按照旋轮进给方向向敞口端和逆敞口端,普通旋压可分为往程旋压和回程旋压。

普通旋压是旋压成形的最初形式,其他旋压方式都是在此基础上发展起来的。早期的旋压作业方式是靠人工手工操作旋轮或擀棒反复擀压随芯模旋转的毛坯,使其逐步贴靠于芯模上。由于手工操作劳动强度大、工作效率低、对工人技术水平要求高,随着计算机技术的发展,录返式数控旋压机和全数控旋压机已得到应用。

5.2.1 变形特点

1)材料的变形过程不连续

对于凸缘材料的任一质点来说,它要经过几次"与旋轮接触—脱离旋轮接触"的反复,其塑性变形过程也就经历了"加载—卸载"的多次反复,因此,普通旋压过程中材料的变形是不连续的。

2)材料的应变状态与拉深相似

普通旋压过程中,与旋轮接触的局部塑性变形区材料变形状态复杂。在经过不连续的塑性变形过程后,工件宏观效果上表现为毛坯直径缩小,厚度基本不变,即材料在周向发生了压缩变形,而在轴向发生了伸长变形,其变形性质类似于拉深时凸缘变形区的变形性质。

3)起皱是普通旋压过程的主要障碍

普通旋压过程和拉深相似,同样有可能出现毛坯凸缘起皱和零件底部圆角部位拉裂两种现象。只是在普通旋压中,筒壁底部所受拉应力小,正常操作中破裂的危险性较小;而毛坯凸缘完全悬空,失稳起皱的可能性更大。

通过采用适当的工艺参数和操作可以避免起皱。

(1)在旋轮的反面加反推辊(见图5-9),使其和旋轮一起夹住毛坯,以减缓变形。

(2)预成形,如旋压之前,将毛坯的边缘卷边,以提高其抗皱能力。

(3)多道次旋压时,旋轮都不压旋到毛坯的外缘位置,而应在中途转移到下一道次。

普通旋压时材料的变形程度可用拉深系数表示,即 $m = \dfrac{d}{D_0}$。

5.2.2 毛坯尺寸计算

普通旋压时的毛坯为平板毛坯。冲裁的坯料外缘比剪切的整齐,有利于防止旋压中的边缘开裂。板料直径参照拉深时的方法确定,即按照面积不变原则计算,但应考虑到工件侧壁减薄,故计算值应减小

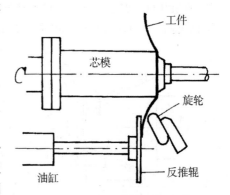

图5-9 反推辊防皱

5%,最终尺寸通过试旋确定。

5.2.3　工艺要素

1)旋压次数

旋压时薄料应先将边缘预成形,以防前期旋压道次中起皱,并可提高工效。

旋压次数参照拉深次数的方法确定,多次旋压工序间要加入退火处理,即按照多次拉深方法确定旋压次数,然后根据零件的相对高度($\frac{h}{d}$)进行修正。多道次旋压如图 5-10 所示。

铝及低碳钢杯形件采用简单拉深旋压(单道次、单向进给)的条件是相对厚度(工件厚度与直径比)$\frac{t}{d}>0.03$,旋压系数(坯料与工件的直径比)$\frac{D_0}{d}\leqslant1.85$,并采用适宜的旋轮。

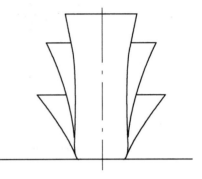

2)旋轮的运动轨迹(触点轨迹)

多道次拉深旋压时,旋轮运动轨迹(见图 5-11)可取多种形式。一般而言:利用往程成形易使壁部变薄,凸缘起皱;采用回程成形易使壁部增厚。采用活动靠模板或借助计算机编程进行多道次拉深旋压时(见图 5-12),旋轮运动轨迹采用渐开线形是较佳选择之一。

图 5-10　多道次旋压

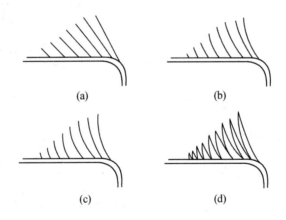

图 5-11　旋轮的运动轨迹

(a)直线型;(b)曲线-直线型;(c)曲线型;(d)往复曲线型

3)旋轮进给方向

平板毛坯拉深旋压第一道采用往程旋压,随后的道次采用往程旋压易拉薄,采用回程旋压则旋轮路径受曲面形状限制,道次变形量偏小,因此,宜采用往程旋压和回程旋压相结合的方式。

4)旋轮的进给率 f

旋轮进给率 f 指芯模每旋转一周,旋轮沿工件母线方向的进给量。进给率大小对旋压力大小、成形效率、可旋性和成形质量等有直接的影响,如图 5-13 和图 5-14 所示。

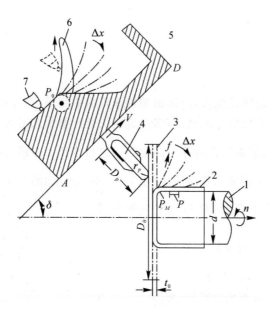

图 5 - 12 多道次旋压

1—芯模；2—工件；3—毛坯；4—旋轮；5—固定模板；6—仿形板；7—仿形器

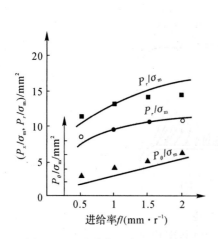

图 5 - 13 进给率对旋压力的影响

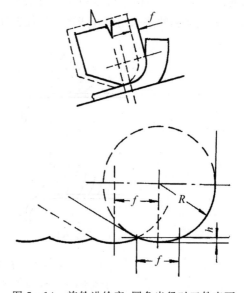

图 5 - 14 旋轮进给率、圆角半径对工件表面
旋痕高度的影响

　　进给率增大，使生产率提高，工件贴模紧，对提高工件的成形有利，但也使旋压力增大，工件表面粗糙度增加。减小进给率有助于改善工件的表面粗糙度，但过小，易造成壁部减薄，不贴模。常用的选择范围是 $f \approx 0.3 \sim 3$ mm/r。

　　旋痕高度与进给率的关系：

$$h = R - \frac{1}{2}\sqrt{4R^2 - f^2} \tag{5-1}$$

进给率过大或过小,都可能造成机床的振动或爬行,从而影响工件质量。

5)主轴/芯模转速

芯模转速 ω 对旋压过程有一定的影响。增大转速,有利于提高生产率。但过高的转速往往会导致芯模摆动和机床振动,使工件精度降低。此外,在进给率和芯模尺寸确定的情况下,转速增大,材料产生的变形热量增大,需要更好的冷却。

转速大小反映到工件变形区的周向线速度上,周向线速度通常的取值范围为 $50\sim 300$ mm/min。

6)旋轮顶端的圆角半径

普通旋压使用的旋轮如图 5-15 所示。旋轮顶端的圆角半径应使在旋轮前形成适量隆起以利于坯料流动。圆角半径过大易造成起皱、扩径,过小易造成堆积、断裂。

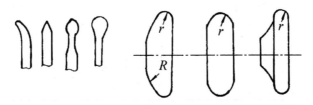

图 5-15 普通旋压旋轮

7)冷却、润滑

旋压成形过程中,工件材料在旋轮的挤压作用下,产生局部塑性变形,变形功大部分转化为热能,加之旋轮与工件之间的摩擦,形成了变形区的高温状态。为了保证旋压成形过程稳定进行,防止工件材料黏附到旋轮或芯模表面上,应对变形区进行充分的冷却和必要的润滑,且主要施于旋轮的工作表面。

冷却剂应具有较大的比热和良好的流动性,润滑剂应具有较大的附着力和浸润性。表 5-2 是常用的冷却、润滑剂适用范围。

表 5-2 旋压成形常用的冷却、润滑剂

材料	冷却、润滑剂
铝合金	机油
低碳钢	机油
合金钢	乳化液
不锈钢	机油或乳化液冷却、二硫化钼油润滑剂

8)加热温度

在加热条件下进行旋压,会使其工艺过程复杂化,但热旋压已是解决难成形材料加工的有效措施。旋压时的加热温度与普通冲压时的加热温度略同。毛坯越厚,加热温度越高,但不要高于材料的再结晶温度,以防止发生再结晶。

5.3 锥形件变薄旋压

锥形件变薄旋压又称剪切旋压,适用于锥形、抛物线形、椭球形及各种扩张形件的成形。锥形件变薄旋压时旋轮与芯模之间的间隙小于毛坯厚度。锥形件变薄旋压成形过程一次完成,毛坯可以是平板,也可是预制坯(一般为锥形件),如图 5 – 16 所示。

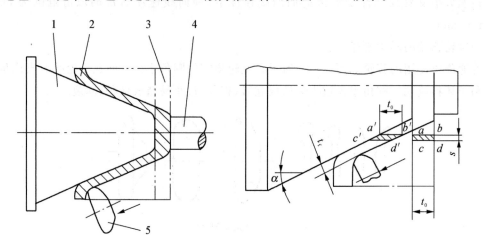

图 5 – 16　锥形件变薄旋压

1—芯模;2—工件;3—坯料;4—尾顶块;5—旋轮

5.3.1　变形特点

锥形件变薄旋压的变形特点是以平板毛坯进行论述的。

(1)毛坯直径不变,材料厚度按正弦规律变化,即

$$t_f = t_0 \sin\alpha \tag{5-2}$$

式中:t_0、t_f——变形前、后的料厚(mm);

　　　α——锥形件的半锥角(℃)。

变形程度用厚度变薄率 q 来表示,即

$$q = \frac{t_0 - t_f}{t_0} \times 100\% = (1 - \sin\alpha) \times 100\% \tag{5-3}$$

式(5–3)说明:q 越大,厚度变薄越大,材料的变形程度越大;α 越小,板料变形程度越大。

(2)轴向剪切变形是材料变形的主要特征。旋压成形过程中,塑性变形区在工件的旋转和旋轮的进给中,扩展至所有凸缘材料。材料逐点产生轴向剪切。从轴向截面来看,矩形单元经简单剪切变形而成为平行四边形。图 5 – 16 中的矩形单元 $abcd$ 变成了平行四边形 $a'b'c'd'$。

(3)锥形件变薄旋压时,材料还会绕对称轴产生一定的扭转变形,如图 5 – 17 所示。

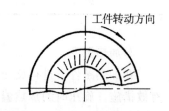

图 5 – 17　工件的周向扭转变形

5.3.2 成形的主要问题

1）破裂、起皱

锥形件变薄旋压时，如果变形程度过大或工艺参数选择不当会导致破裂、起皱等现象。如前文所述，厚度变薄率和半锥角可作为衡量变形程度的指标。每种材料剪切旋压的变形程度都有一定的限制，对应于极限变形情况下的变薄率和半锥角分别为极限变薄率 q_{lim} 和极限半锥角 α_{lim}。旋轮进给率对可旋性的影响如图 5-18 所示。

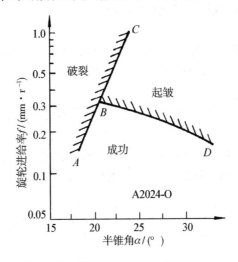

图 5-18　旋轮进给率对可旋性的影响

2）凸缘倒覆

在理想状态下，锥形件变薄旋压过程中，工件凸缘与对称轴线应始终保持垂直状态。但如果旋轮与芯模之间的间隙、旋轮圆角半径和进给率选择不当，那么凸缘就会偏离原位置，向前或向后倾斜，阻碍成形过程顺利进行，这种现象被称为凸缘倒覆，如图 5-19 所示。凸缘倒覆后，往往会出现起皱，皱褶的形式与拉深外皱类似。

3）反挤现象

锥形件变薄旋压过程中，为了保证材料按照剪切变形方式变形，旋轮与芯模的间隙应与按正弦规律计算的壁厚一致。但在实际生产中，由于工人的操作误差，旋轮和旋压机的弹性变形等因素可能引起间隙不符合正弦规律。当间隙偏小时，如果半锥角较大，多余材料会后窜，出现反挤现象，如图 5-20 所示。

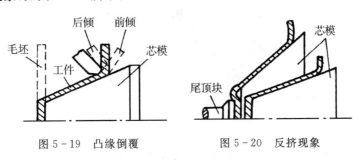

图 5-19　凸缘倒覆　　　　　图 5-20　反挤现象

5.3.3 工艺要素

1)减薄率与道次数

锥形件变薄旋压过程一次完成不发生破裂的条件是 $q \leqslant q_{lim}(\alpha \geqslant \alpha_{lim})$。

2)旋轮的进给率

$$f = \frac{v_s}{\omega} \qquad (5-4)$$

式中：v_s ——旋轮沿工件母线进给速度(mm/min)；

ω ——主轴转速(r/min)。

f 大则工效高,但以不产生振动,旋压力、工件表面粗糙度不过大为限。常用的选择范围是旋轮进给率 $f \approx (0.1 \sim 0.75)n$,其中 n 为同步工作的旋轮数。

3)主轴/芯模转速

主轴转速 ω 大则工效高,但以不产生振动、旋压热不过大为限。

4)旋轮工作参数

锥形件变薄旋压使用的旋轮如图 5-21 所示。旋轮顶端的圆角半径小,则旋压力小,工件贴模度好,但以不形成黏附以至掉屑、表面粗糙度值不过大为限。常用的选择范围是 $(1 \sim 4)t$。

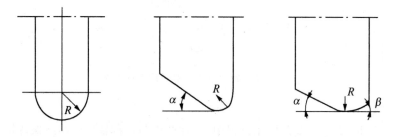

图 5-21 锥形件变薄旋压旋轮

5)旋轮数量与配置

采用 2~3 个直径和顶端圆角半径相同的旋轮在同一截面内工作可以减少芯模的弯曲和振动,如图 5-22 所示。

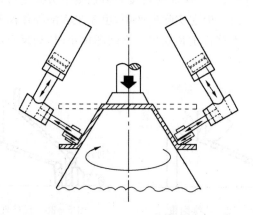

图 5-22 旋轮数量与配置

采用两个顶端圆角半径不同的旋轮,二者之间保持一定的错距量,以顶端圆角半径小的旋轮作为精旋轮,可以减小旋轮与坯料的接触面积,降低旋压力达 40％左右,提高产品精度,改善表面粗糙度,同时可以减振。

6)冷却、润滑

冷却、润滑所用冷却、润滑剂种类同拉深旋压,但用量大。

5.4　筒形件变薄旋压

筒形件变薄旋压又称流动旋压或强力旋压。旋轮沿筒形毛坯轴向进给,筒形毛坯随芯模同步旋转。工件材料在旋轮的挤压下产生局部塑性变形,随着工件的旋转和旋轮的进给,变形扩展至整个工件,使筒壁厚度减薄,长度增加。筒形件变薄旋压坯料为筒形件或管形件。

5.4.1　变形特点

(1)筒形件变薄旋压过程中,筒形毛坯内径基本不变,外径减小,筒壁厚度减薄。

(2)筒壁厚度方向变形不均匀,引起附加应力。

若在毛坯纵断面上画出方形网格(见图 5-23),则每一方格代表一个圆环,外层环的体积比内层大,假定各环之间无相互影响,则旋压后外环的宽度大于内环,即在毛坯厚度方向上,越接近外表面的纤维,旋压后延伸得越长。由于成形区内材料整体性的约束,必然出现附加应力,使零件外层纤维轴向受压、内层受拉。

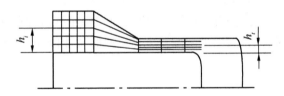

图 5-23　单元环

(3)旋轮相对于工件的送进速度 f 在变形区是变化的。

由于流动旋压中材料有轴向伸长,即材料要相对于芯模运动,所以旋轮相对于工件的送进速度应是旋轮相对于芯模的送进速度与成形区材料相对于芯模的运动速度之差。

(4)旋轮与工件之间的接触区为一空间曲面,接触压力分布不均匀。

接触面及接触压力如图 5-24 所示。

5.4.2　成形的主要问题

筒形件变薄旋压成形障碍包括以下方面。

1)破裂

筒形件变薄旋压过程中,当变薄率超过一定值时,在筒壁上会出现破裂现象,从而使旋压成形无法进行,通过极限变薄率衡量。当工件的变薄率超过材料的极限变薄率时,

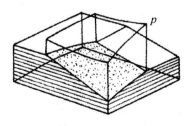

图 5-24　接触面及接触压力

可采用多次旋压。

2)隆起(飞边)

隆起产生于旋轮前,是材料流动过程中的一种失稳现象,如图 5-25 所示。筒壁厚度、旋轮前角和进给率是影响隆起的主要原因。当隆起逐步增长时,超过一定的界限后,会产生坯料的掉皮并将工件表面压伤。减小进给率和旋轮前角可以减小隆起。

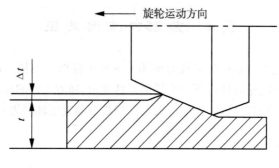

图 5-25 隆起

5.4.3 工艺要素

1)正旋、反旋

按照旋轮进给方向与工件材料流动方向的差异,筒形件变薄旋压分为正旋和反旋(见图 5-8)。正旋常用于筒形件,其适应面较宽,旋压力小,工件贴模性好,产生扩径和金属堆积较小;反旋常用于管形件,工件长度不受其芯模长度和旋轮纵向行程的限制,固定坯料的夹具较简单。在相同条件下,正旋的极限变薄率比反旋的高,因而正旋时旋轮接触角和进给比的选择范围比较大。

2)变薄率

变形程度用厚度变薄率 q 来表示,即

$$q = \frac{t_0 - t_f}{t_0} \times 100\%$$

式中:t_0、t_f——变形前、后的板料厚度(mm)。

筒形件变薄旋压的极限变薄率与锥形变薄旋压大体相当,但实际采用时却受限于工件精度要求、机床能力及系统刚度等因素,常选择的范围为 20%~45%。

3)旋轮进给率

旋轮进给率 f 的影响除如锥形变薄旋压外,还对直径精度有影响。f 过小易扩径,过大易隆起,都对直径精度不利。一种有效的安排是在前期道次令 f 足够大,使工件抱模,终旋时则使 f 略减小以卸料。

正旋压时常用的选择范围是 $f \approx (0.25 \sim 1)n$,薄料取小值;反旋压时常用的选择范围是 $f \approx (0.1 \sim 0.5)n$,软料取小值,其中 n 为同步工作的旋轮数。

4)主轴/芯模转速

主轴转速 ω 大则工效高,但以不产生振动、旋压热不过大为限(主轴转速 ω 的选择如锥形件变薄旋压)。

5）旋轮外形与工作参数

筒形件变薄旋压旋轮的几何要素包括直径、成形角和圆角半径,如图 5 - 25 所示。

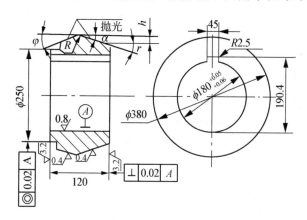

图 5 - 26　筒形件变薄旋压旋轮工作参数

旋轮直径受旋轮架和旋压机结构及轴承强度的限制。旋轮直径增大,旋轮与工件之间的接触压力减小,但接触面积增大,接触面沿轴向、径向的投影增大,沿切向的投影变化不大,所以沿轴向、径向的旋压力增大,沿切向的旋压力减小,为了避免旋压时发生振动,旋轮直径尽量不取芯模直径的整数倍。旋轮直径对旋压力的影响如图 5 - 26 所示。

旋轮圆角半径 R 对成形过程和工件表面质量都有显著影响。旋轮圆角半径大,工件表面质量好,旋压力大,锥形件变薄旋压时易造成凸缘材料失稳。旋轮圆角半径小,工件质量会差一些,旋压力因接触面积小而减小。旋轮圆角半径对旋压力的影响如图 5 - 27 所示。

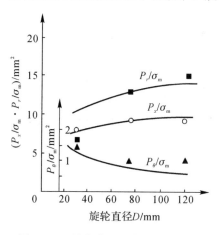

图 5 - 26　旋轮直径对旋压力的影响

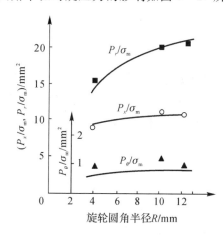

图 5 - 27　旋轮圆角半径对旋压力的影响

旋轮成形角 α 也是旋轮的重要参数,α 过大易引起隆起,降低工件表面质量。α 过小容易产生扩径。引导角 γ 对毛坯进行预压,以防止前部材料的隆起和堆积。退出角 φ 对成形性影响不大,但如果该角过大,会使旋轮的强度降低,因此 φ 一般取 $20° \sim 30°$。

6）旋轮数量与配置

根据机床的工作条件,旋轮的工作方式有单轮、双轮、三轮均布、三轮不均布、四轮等工作方式。

单轮工作适于薄料、粗短件;双轮旋压细长件时也易出现芯模跳动;三轮旋压最为合理,且均布胜于非均布;多旋轮工作可增加坯料夹紧可靠性,减少模具偏心并增加同一直线上的塑性区,对应力的分布有益。

变薄旋压过程中,旋轮与材料之间的作用力很大,易引起芯模偏心,影响零件精度。为了平衡筒形件变薄旋压力,实践中常采用两个以上的旋轮。

错距旋压是多次旋压和多旋轮旋压相结合的一种旋压方式,如图 5-28 所示。错距旋压中多个旋轮在轴向相互错开,而在径向依次使筒壁减薄,从而可以在一次旋压中完成原来需要几次才能完成的工作,提高了生产率,同时也增加了对变形区的约束,使工件直径精度得到改善。

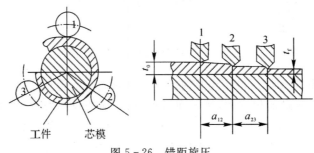

图 5-26 错距旋压

7)冷却、润滑

冷却、润滑所用冷却、润滑剂种类同拉深旋压,但用量大,与锥形件变薄旋压相同。

习　题

1. 简述普通旋压的变形特点、成形过程中的主要问题及其主要工艺要素。
2. 简述锥形件变薄旋压的变形特点、成形过程中的主要问题及其主要工艺要素。
3. 简述筒形件变薄旋压的变形特点、成形过程中的主要问题及其主要工艺要素。

第6章 飞机钣金零件成形

典型的飞机钣金零件主要包括框肋类零件、蒙皮类零件、异形复杂零件及整体壁板类零件等,各类零件对应有相应设备和工艺方法,具体为橡皮成形、拉形、落压成形、喷丸成形。

6.1 橡 皮 成 形

橡皮成形是利用橡皮垫或橡皮囊作为凹模(凸模),将金属板料按刚性凸模(凹模)加压成形的方法,主要应用于飞机厂成形高强度的铝合金。零件可分为直线弯边、凸曲线弯边、凹曲线弯边和凸凹曲线弯边四种。

6.1.1 橡皮成形零件

航空飞行器框肋类零件的作用是支撑和搭建框架,其结构复杂,通常是平面带弯边、变斜角、外缘为变曲率的复杂形状零件,并且零件上一般分布有减轻孔和加强窝,此外还有为保证零件装配时飞机外形的平滑而在弯边上压制的下陷等,如图6-1所示。

图 6-1 框肋类零件

6.1.2 橡皮成形原理

在橡皮成形中,一般只使用凸模(压型模),而将橡皮垫作为凹模。

橡皮成形技术的原理为,当橡皮承受高压时,它的行为特征如同液体。因此,当压力增高时,橡皮模保持为模具形状。橡皮成形方法通常有两种:一是橡皮囊成形法,二是橡皮垫成形法。对应的设备为橡皮囊液压机(分为框架式和圆筒式)和橡皮垫成形机。

在橡皮囊成形法中,通常使用一种有弹性的橡皮模,橡皮模被封闭管道系统中的油膨胀,膨胀的橡皮模迫使板料成形为模具的形状,如图6-2所示。橡皮囊液压机分为框架式和圆筒式,如图6-3所示。

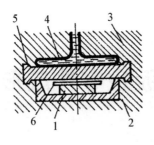

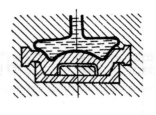

图 6-2 橡皮囊成形法

1—压型模;2—工作台;3—机床框架;4—橡皮囊;5—橡皮外胎;6—板料

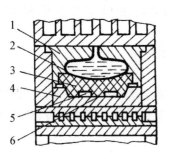

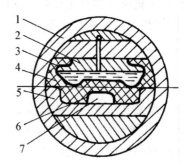

1—容框;2—内胎;3—外胎;4—工作台;
5—压型模;6—成形零件

1—圆筒;2—密封板;3—内胎;4—外胎;
5—工作台;6—成形零件;7—压型模

图 6-3 橡皮囊液压机结构

(a)框架式   (b)圆筒式

在橡皮垫成形法中,采用充满厚橡皮板的橡皮容框,橡皮受压产生弹性变形,将置于压型模上的板料包在模具表面上,压制出零件,如图 6-4 所示。

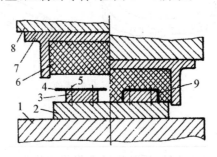

图 6-4 格林压床橡皮垫成形法

1—压床下台面;2—工作台;3—压型模;4—板料;5—销钉;6—橡皮;7—容框;8—压床上台面;9—零件

压型模材料为 Q235 钢或精制层板等,凹凸结构,零件在模具上用定位销定位,盖板与定位销同时使用,有侧盖板形式,模具制造、安装、使用首先要保护液压橡皮囊。

橡皮压型模结构简单,其外形取决于零件的平面形状,如图 6-5 所示。压型模的高度视零件的弯边高度而定,应比零件弯边高 10~15 mm,工作表面粗糙度值 Ra 应达到1.6 μm,与橡皮接触的非工作面应倒角或制圆角,模具上的减轻孔、加强窝可采用镶嵌结构。

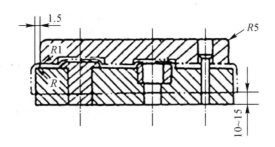

图 6-5　压型模结构

压型模上装有定位销,其作用是:确定展开料与压型模工作型面的相对位置;防止展开料在成形时产生移动;在加工压型模时作外形样板的定位基准。

定位销的位置均按外形样板上的销钉孔确定,展开料则按照展开样板上协调过的销钉孔钻孔,以保证孔位协调。在零件内部不允许开孔的情况下,销钉孔开在零件无弯边的"补加"部分上,样板上也相应地制出"补加"部分,并制出销钉孔。

定位销直径一般为 $\phi5$ mm,有时也采用 $\phi2.5$ mm,按样板上的销钉孔大小确定。定位销一般采用两个,距离拉开,应在同一平面上,布置在非对称的位置上,应距零件弯边或弯折起点及边缘一定距离。对曲率较大、较长的零件,为防止在成形过程中局部材料偏移,可适当增加定位销的数量。

压型模的材料根据零件形状、尺寸以及产量选用,可以是钢、铝、夹布胶木、精致层板、塑料板和锌基铝铜合金等。

精致层板比硬木(例如桦木)的强度大,抗压性较好,一般用于小批量生产。用铸铝或轧制铝板作模具时,模具的加工性好,但强度低、易变形,不适用于制造形状细长及尺寸大的环形模具。钢板强度大、耐磨损、不易变形,但重量大、加工困难,适于制造几何形状复杂、细长而尺寸很大的零件。塑料板质量轻、制造简单,但其强度和表面硬度较低,一般用于小批量生产。在飞机的研制阶段,一般多选用硬木作为模具材料。锌基铝铜合金的熔化温度不高,铸造性能和复制性能较好,且具有较高的硬度、强度和韧性。

6.1.3　橡皮成形工艺

展开样板的制作工艺为:一般按工装生产一件合格零件后,将局部收缩或拉伸部位剪开并展平后,将其作为展开样板。

典型工艺规程:制作毛料样板—根据毛料样板下料—手工预成形—液压橡皮成形—粗切割外形—去毛刺—淬火—校正—切割外形—检验—表面处理—交付。

具体来说,橡皮成形过程一般包括成形与校形两道工序:成形是使板料压靠到压型模的侧壁上,所需的压力并不高;校形是将成形中产生的皱褶和回弹消除,所需的压力很高。

1.凸曲线弯边成形(凸弯边)

沿凸曲线轮廓弯边,又称压缩弯边,凸曲线弯边成形时毛坯外形比零件的轮廓长度大,如图 6-6 所示。成形过程中弯边区毛料可能因压缩变形太大而起皱,情况和无压边圈的拉深成形相似。

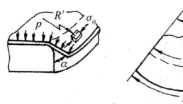 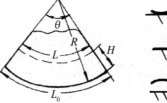 

图 6-6 凸曲线弯边 图 6-7 皱褶形成过程

典型的橡皮凸曲线弯边的成形过程是："先允许起皱,然后再压平。"具体来讲,分为以下三个变形阶段。

1)压缩失稳和首次皱的形成阶段

成形时橡皮首先压到压型模的上表面并向压型模的四周压下,使板料悬空部分受压而折弯,板料沿凸曲线轮廓向下折弯时,板料在切向受到挤压,于是产生周向压应力 σ_θ 与周向压应变 ε_θ,如图 6-7 所示。当 σ_θ 超过板料压缩起皱的极限应力时,弯边变形区将起皱,如图 6-7(a)所示。起皱后,弯边上各区的弯曲刚性发生变化:皱峰部分刚度大,折弯难;皱谷部分刚度小,折弯较易。随着橡皮继续施压,皱谷加深先与压型模接触,并不断增加接触宽度,同时皱峰不断增高和变窄,如图 6-7(b)所示。

2)二次皱的形成阶段

在皱谷出现较宽的平台区之后,橡皮压力不断增大时,皱峰在逐渐压平和缩小过程中,使平台区又承受到愈来愈大的周向压应力,在 σ_θ 超过板料的起皱极限后发生第二次起皱现象,如图 6-7(c)所示。

3)皱的压平阶段

随着橡皮压力的不断增大,皱褶被逐步压平。橡皮成形的消皱能力除与橡皮压力有关外,还取决于皱褶的形状、大小和橡皮的硬度。

凸曲线弯边成形几何参数如图 6-8 所示。

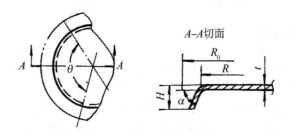

图 6-8 凸曲线弯边成形几何参数

凸曲线弯边成形系数表达式为

$$K = \frac{H}{R+H} \times 100\% \approx \frac{H}{R} \times 100\% \tag{6-1}$$

式中:H ——零件的弯边高度;

$\quad R$ ——平面图上最小弯曲半径。

凸弯边成形极限指凸曲线弯边零件在一次弯边成形过程中,弯边不产生皱褶的最大变形程度,通常用极限弯边系数 K_e 表示。极限弯边系数 K_e 的大小与板材种类、性能、状态、厚度、成形的单位压力、成形温度、橡皮硬度等有关,可查表确定。

凸曲线弯边零件一次成形条件为 $K \leqslant K_e$。

2. 凹曲线弯边成形(凹弯边)

凹曲线弯边时的板料外缘长度小于零件边缘长度,弯边时板料切向为拉伸变形,变形过大时易变薄并产生裂纹,其成形机理与翻边成形相同。当橡皮成形凹曲线弯边零件时,弯边部分的材料处于双向拉伸状态,开裂的可能性很大。

凹曲线弯边成形几何参数如图 6 - 9 所示。

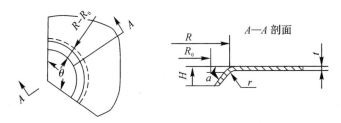

图 6 - 9　凹曲线弯边成形几何参数

凹曲线弯边成形系数表达式为

$$K = \frac{H}{R - H} \times 100\%$$

凹曲线弯边成形极限指凹曲线弯边零件在一次弯边成形过程中,弯边不产生破裂的最大变形程度,通常用极限弯边系数 K_t 表示。极限弯边系数 K_t 的大小与板材种类、性能、状态、厚度、成形的单位压力、毛料边缘的粗糙度及冷作硬化程度、弯边高度等有关,可查表确定。

凹曲线弯边零件一次成形条件为 $K \leqslant K_t$。

如果弯边系数超过极限数值,原则上应分次成形并需进行中间热处理。

3. 减轻孔和加强窝的成形

为了提高框肋零件的刚度和减轻结构质量,零件的腹板常常有减轻孔和加强窝,如图 6 - 10所示。压制减轻孔时,零件的厚度愈大,则所能压制的最小孔径也愈大。因此,在压制材料厚度大而孔径小的减轻孔时,需在成形部位加垫橡皮或锌铝等垫块。对加强窝来讲,压窝深度应在极限范围内,当边距较小时,应采用加强板或放大毛料等方法,对较大的加强窝在模腔底部要开排气孔。

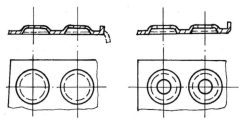

图 6 - 10　带加强窝和减轻孔的腹板

6.1.4 "一步法"成形

"一步法"成形是将铝合金板经淬火后,采用低温储存的办法,保持铝合金板在新淬火状态下的良好塑性并以机械化手段一次完成新淬火料的成形和校形工作。标准温度（$-15\sim-20$ ℃）；储存时间根据材料的不同有所变化,如 LY12 小于 2 h,2024 小于 2 天,7075 小于4 天。

"一步法"成形的典型工艺流程如图 6-11 所示。

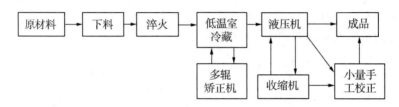

图 6-11 "一步法"成形的典型工艺流程

在"一步法"成形的生产线中,主要的设备有低温室、多辊板材矫正机以及无齿收缩机。

收缩机将零件松边面收缩增厚,达到贴模要求,同时使修整的钣金零件表面不受损伤,能获得满意的表面质量。

6.1.5 橡皮成形特点

（1）可成形复杂零件,如非轴对称零件、斜凸缘件、带局部凸凹形的零件,并可同时完成下陷和切边的工作。

（2）可部分取代刚性模落料、弯曲、拉深等工艺方法,大大缩短了生产准备周期,模具成本与钢模拉深相比降低了 70%～80%。

（3）由于橡皮在成形过程中始终紧贴零件,所以零件表面无擦伤痕迹,并且在高压和摩擦力的作用下,材料的塑性可以得到充分的发挥,零件的回弹小,零件的贴模精度和形状精度大大提高。

（4）由于厚度变化均匀,因此材料内部的损伤率大大降低,零件的成形质量和结构的可靠性显著提高。

（5）材料利用率较低。

（6）成形后需附加手工校形。

6.2 拉　形

蒙皮类零件是包覆在航空飞行器内、外表面上的薄板件,用于外表面时要符合气动外形要求,可承受和传递载荷。蒙皮类零件成形方法包括闸压成形、滚弯成形、拉伸成形（拉形）。蒙皮拉形是板料两端在拉形机夹钳夹紧下,由工作台顶升的拉形模和板料接触,产生不均匀的平面拉应变而使板料与拉形模贴合的成形方法。拉形主要用于航空工业制造曲率变化较平缓的大型钣金件。

6.2.1　拉形成形零件

单曲度或双曲度等厚度的蒙皮类零件外形复杂,协调关系多;气动外形、表面质量要求高;尺寸大,厚度小,刚性差;采用切面样板或样件作为制造依据,按模胎、切面样板、检验夹具、拉形模控制外形;使用大型设备、对工人技术水平要求高;曲率变化平缓;等等。蒙皮零件如图 6-12 所示。

图 6-12　蒙皮零件
(a)后机身蒙皮;(b)进气道蒙皮

6.2.2　拉形分类及其应用

拉形工艺按照加力方式和夹钳相对模胎位置的不同可分为横向拉形(横拉)和纵向拉形(纵拉)两类,如图 6-13 所示。横向拉形是在横向施以拉力的拉形,一般用于制造横向曲率大、纵向曲率小的零件;纵向拉形是在纵向施以拉力的拉形,适用于纵向曲率大的狭长蒙皮零件。

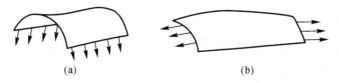

图 6-13　横拉和纵拉示意
(a)横向拉形;(b)纵向拉形

根据拉形过程的需要,常用的蒙皮拉形机有三类:横向拉形机(台动式)、纵向拉形机(台钳双动式)以及纵横两向拉形机。

横向拉形依靠拉形机(见图 6-14)台面上升来完成,即通过台面上升,使毛料和拉形模接触,经拉伸逐步与模具贴合而形成蒙皮。在拉形机中,安放拉形模的台面由液压作动筒推动,做上下平行运动,也可做倾斜运动,两侧的夹钳可以调整位置。

图 6-14　横向拉形机

纵向拉形机(见图 6-15)以台、钳双动式的构造形式较多,所以一般称作台钳双动式拉形机。它的工作原理是通过台面上升和夹钳的纵向运动使毛料受到拉伸,并与拉形模相接触而逐渐贴合形成蒙皮。

图 6-15　纵向拉形机(台、钳双动式)

拉形模结构简单,模面相当于所拉蒙皮的内形,如图 6-16 所示。由于蒙皮形状较为复杂,而且准确度要求较高,因此在制造拉形模时,需要按照飞机制造的协调系统,以切面样板、表面标准样件、反模胎等作为制造依据。

图 6-16　拉形模

拉形模的典型结构主要有以下几种。

1)木框或竹胶板框环氧胶砂模

木框或竹胶板框环氧胶砂模以松木或竹胶板组成框架,内部填入环氧胶砂作为模具基体,工作面粘贴 15 mm 左右环氧塑料层。

2)金属骨架环氧塑料模

金属骨架环氧塑料模的骨架可以是铸钢或铸铝,壁厚 50～80 mm,也可用 10～20 mm 钢板焊接而成,工作面为约 20 mm 厚的环氧塑料层。

3)环氧泡沫塑料胶砂模

环氧泡沫塑料胶砂模用层板作框架,内充泡沫塑料作为基体,其上敷环氧玻璃钢作面层。

6.2.3　拉形过程

在拉形成形过程中,板料两端用拉形机的夹钳夹紧,拉形模由工作台顶升和板料接触,随着拉形模上升,板料逐步与拉形模贴合。在拉形过程中,板料的应变状态接近平面应变,由于占优势的拉应力以及沿板厚基本不存在应变梯度,因此板料成形后的回弹较小。

拉形是通过单向拉伸使毛料的纤维产生不等量延伸的成形方法。拉形中,材料产生不均匀的拉应变,最大主应变的方向和拉力作用方向一致。为了提高成形精度、减小回弹,要求在拉形结束时,最小变形部位的应力超过金属的屈服强度。在开始阶段[见图 6-17(a)],钳口夹紧毛料,拉形模上升与毛料接触,材料开始弯曲;在成形阶段[见图 6-17(b)],拉形模继续上升,毛料从接触点开始产生不均匀拉伸变形,直至和模胎贴合;在校形阶段[见图 6-17(c)],毛料和模胎完全贴合后,工作台再上升,使毛料曲面上各点均匀变形约 0.5%,以减小零件回弹。

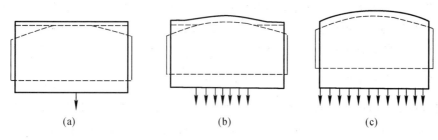

图 6-17　拉形的主要阶段
(a)开始阶段;(b)成形阶段;(c)校形阶段

变形材料在拉形过程中实际上处于立体的应力、应变状态,并且沿板厚方向应力状态也不相同。位于拉形模顶部附近的毛料,由于拉力的作用,毛料沿拉力方向产生变形时,将导致材料在垂直方向的收缩。但是材料与拉形模之间的摩擦力又阻碍其收缩。板料内层因收缩引起的应变实际上等于零,而外层在形成驼峰的弯曲过程中,纵向、横向都产生拉伸应变,即不均匀的双向拉伸应变,以拱曲顶部附近的拉伸应变数值最大。根据体积不变条件,拉形过程将引起材料厚度的减小,所以驼峰形蒙皮顶部的应变状态为两向拉伸、一向压缩。

在拉伸方向毛料内部作用有拉应力,而在收缩变形受阻方向,则因变形受阻也出现拉应力,在板厚方向拉形模与蒙皮接触处产生了压应力。因此蒙皮顶部的应力状态也是两向拉伸、一向压缩,为简化分析,忽略板宽方向的小量拉伸应变和板厚方向的压应力,而把驼峰形蒙皮顶部的应力和应变状态都看作平面状态,即双向拉伸的应力状态和一拉一压的应变状态。板料在拉形中,沿拉伸方向的变形量是不均匀的,最大主应力的分布将视零件形状而异,凸双曲零件的最大主应力位于零件中间脊背处。

在拉形过程中,拉形模和夹钳之间的毛料属于传力区,起着传递拉力的作用。由于该处材料不和模胎接触,没有模胎表面的摩擦作用,所以传力区的拉应力大于成形区的拉应力,因此容易变薄。而在夹紧部分还可能出现应力集中,材料易在钳口处破裂,如图 6-18 所示。

典型工艺流程:下料—滚弯—预拉伸—淬火—拉形—切割外形—校正—检验。

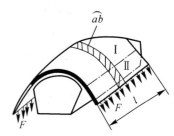

图 6-18　拉形破裂部位

6.2.4　拉形工艺参数

1. 拉形系数

拉形系数 K 是用来表示蒙皮在拉形时最危险部位材料所经受的变形程度。K 值通常定义为蒙皮拉形终了时,毛料伸长最大处的长度与毛料原长之比,即

$$K = \frac{L_{\max}}{L_0} \qquad\qquad (6-2)$$

式中:$L_{\max}$——毛料伸长最大处的长度(mm);

　　L_0　——毛料原长(mm)。

毛料伸长最大处的部位,因蒙皮的形状而异。驼峰形蒙皮位于蒙皮中部,马鞍形蒙皮则位于蒙皮的最外端。毛料的原长 L_0 一般不易准确求得,为此在生产中,从拉形模上直接量得蒙皮成形后材料延伸率最小处的长度 $L_{\min}$。因 $L_{\min}$ 在拉形中的变形量仅超过屈服极限,可视为近似等于毛料原始长度 L_0,将 K 表示为 $K = \dfrac{L_{\max}}{L_{\min}}$。

板料拉形常见缺陷主要有毛刺、划伤、压伤、滑移线、橘皮、粗晶、波纹度等。滑移线(宏观滑移带)是在拉伸或其他类似成形方法中,金属塑性变形区传播的前缘线留在零件表面的痕迹,形成明暗相间的近似 45° 走向的条纹。橘皮是零件成形时的变形量过大或变形后经退火产生晶粒粗大,进而继续成形所产生的与橘皮外观形似的粗糙表面。粗晶是铝合金材料冷作硬化后的热处理过程中,晶粒重新组合,在一定的变形范围内,晶粒的长大变粗特别严重的现象。

当板料将要出现不允许的缺陷(破裂、滑移线、粗晶、橘皮等)时的拉形系数称为极限拉形系数,通常用 $K_{\max}$ 表示。$K_{\max}$ 值取决于材料种类、厚度、蒙皮形状及摩擦等因素。一般来说,从理论上确定拉形系数比较困难,所以由实验确定。

对于退火状态和新淬火状态下的铝合金(如 LY12 和 LC4),极限拉形系数 $K_{\max}$ 见表 6-1。

表 6-1　LY12 和 LC4 极限拉形系数 $K_{\max}$

材料厚度/mm	1	2	3	4
$K_{\max}$	1.04～1.05	1.045～1.06	1.05～1.07	1.06～1.08

注:退火状态下取上限,新淬火状态下取下限。

当零件的拉形系数 $K > K_{\max}$ 时,应分两次或多次拉形,或采用加热拉形。

2. 拉形力

在拉形中,正确估算拉形力对拉形中拉力的控制非常重要。理论方法比较困难,实际工作中常用近似关系式计算。

对于横向拉形,使板材不破裂的拉形力 F 近似估算为

$$F = CBt\sigma_b \qquad\qquad (6-3)$$

式中:C ——修正系数(对铝合金可取 $C=1.02$);

　　B ——板料宽度(mm);

t ——板料厚度(mm);

σ_b ——材料抗拉,强度(MPa)。

对于纵向拉形,拉形力可按下式计算:

$$P = 0.9\sigma_b S \tag{6-4}$$

式中:S——板料剖面面积(mm^2)。

6.3　落压成形

落压成形是利用落锤的冲击力将金属板料压制成所需曲面零件的一种钣金成形工艺。落压成形过程操作灵活,可以采用平皱、消皱、收料、放料、切边、开孔等辅助工艺,能成形其他工艺方法不能成形的零件,成形零件尺寸范围大,模具制造费用低、周期短。

6.3.1　落压成形零件

落压成形的零件按其形状分,有蒙皮(包括翼尖、机头罩、机尾罩、整流罩、油箱外皮等)、口框、板弯型材、盒形件及半管等类型,如图 6-19 所示。其外形复杂、曲面急剧变化;品种多;成形困难,易起皱和破裂。

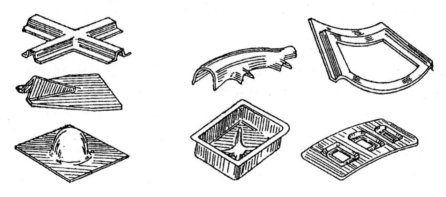

图 6-19　落压成形零件

6.3.2　落压设备及模具

落锤和落压模如图 6-20 所示。

1)落压设备

制造落压零件使用的主要设备是落锤,其次是振动剪、点击锤、收缩机等辅助设备。

落锤是利用锤头和上模的下落冲击来提供成形能量的机床。落锤的吨位即为锤头和上模的总重。点击锤用于辅助加工中的放料或消皱。收缩机主要用于对板料周边进行收料,以便使平板毛料拱曲而达到预成形的目的。

2)落压模

在落压模中,通常用锌合金制造下模,用铅合金制造上模;也可用锌合金制造模体,以环氧塑料或聚氨酯橡胶作面层,制造落料模的上、下模。当批量生产钢质零件时,下模可用铸钢毛坯制造,也可将钢模胎镶铸在锌基合金底座上,成为落料模的下模,再按其配做上模。

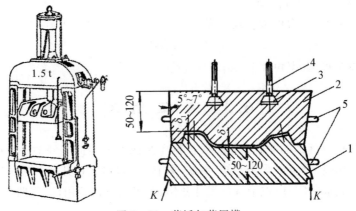

图 6-20　落锤与落压模
1—下模;2—上模;3—螺母;4—螺栓;5—吊环

　　落压模的下模型面总是标准的,其型面与所成形零件的工序形状相吻合,并划有零件切割线;上模型面不是标准的,为了使上模型面、下模型面相协调,上模应当按照下模配制。制造依据样板、反模型。如果零件复杂不能一次成形,那么要求采用多套落压模。

6.3.3　成形方法

　　板料的成形过程实质上就是收料和放料的过程。收料易使板料失稳而起皱,阻碍板料的进一步变形;放料易使板料局部集中变薄,以致破裂。由于用落压方式成形的零件多为复杂的立体空壳,而落压模又无压边装置,所以防止集中变薄和失稳起皱就变得十分突出。因此,放料和收料位置的选择以及收、放料程度的控制,对成形过程起着决定性的作用。

　　变薄与增厚是落压成形过程中常见的现象。使用经验证明:有关零件厚度的增加,除结构上的特殊要求外,一般不算为缺陷;关于零件厚度的变薄现象,除了产品图纸有严格要求外,工厂一般按照经验来确定其允许变薄的程度。

　　在落压成形时,机械成形与手工成形方法交替使用。具体而言:以落压为主,穿插"放料"和"收料"为辅;控制变形,预先储料或放料;皱而不"死";多次逐步接近的成形方法。盒形件落压成形如图 6-21 所示。

6.3.4　落压成形工艺

　　一般落压零件采用尺寸下料或按工装制作一件零件,展开后作为毛料样板,然后确定毛料尺寸。

　　典型工艺规程:下料—落压预成形—清洗—消除应力退火—检验—落压成形—消除应力退火—落压成形—酸洗—淬火—切边—去毛刺—落压校形—清洗—检验—表面处理—检验—交付。

　　为了控制每一成形阶段的变形量,在落压中通

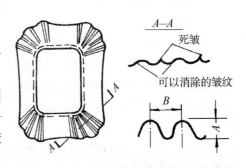

图 6-21　盒形件落压成形

常采取以下工艺方法。

1)收缩-落压成形

当成形纵向曲度大、窄而长的翼尖、整流罩及风挡保护罩等零件时,由于零件形状古怪,以至于无法在下模模面放稳毛料,或是即使轻击下毛料也会因变形过于剧烈而破裂或发生不能消除的死皱。遇到这种情况就需要用收缩机预先将毛料收缩出一定的弧度,然后再落压成形,如图 6-22 所示。

2)垫橡皮落压成形

垫橡皮是落压成形中缓和毛料剧烈变形的重要手段。

当零件的几何外形比较复杂时,为了减少过渡模具或者排除皱纹、储存毛料等目的,通常在零件的上面或下面垫不同厚度、大小的橡皮块进行落压成形,从而可以较大程度地缓和毛料剧烈变形。

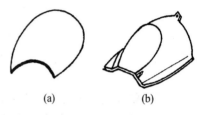

图 6-22　收缩-落压成形

图 6-23 所示为利用橡皮块来增大落压模工作型面曲度的情况。开始拉深时,毛料中间部位的下面、鼓包的里面和凸边的上面都垫上橡皮块,借以得到平滑的过渡形状。由此使得中间反向鼓包的材料有了一定的储备,可不因争料而拉裂。随着拉深高度的增大,逐步移除橡皮块,最后用上模校形,即完成了成形工序。

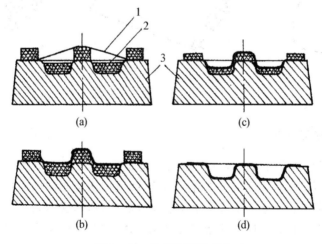

图 6-23　垫橡皮落压成形

1—板料;2—橡皮块;3—下模

3)垫层板落压成形

当落压零件是深度大于 30 mm 的盒形件或具有凸凹鼓包时,为了限制拉深深度及凸缘起皱,通常在零件的上面或下面垫不同厚度及形状的层板进行落压成形。

垫层板落压成形过程如图 6-24 所示。落压成形开始时,先轻击一次使凸模压入板料,毛料中部形成浅坑,以后每锤击一次,抽去一块层板,最后抽去钢板,再重击几次校形。

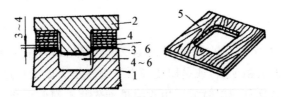

图 6-24 垫层板落压成形

1—下模；2—上模；3—毛料；4—层板；5—层板元件；6—钢板

6.4 喷 丸 成 形

复杂整体壁板喷丸成形方面，其工艺的程序化、自动化是一个国际前沿问题，整体壁板喷丸成形是一项高难度、高成本技术工作。

6.4.1 喷丸成形零件

喷丸成形对象为整体壁板类零件，如图 6-25 所示。其为单曲度或双曲度，平面尺寸大，强度高，形状和精度高。

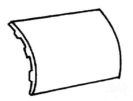
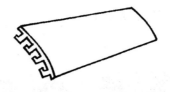

图 6-25 整体壁板类零件

6.4.2 喷丸成形原理

喷丸成形是利用高速的球形弹丸喷射工件表面层，使之产生塑性变形，如图 6-26 所示。弹丸打击到工件表面，表面层出现许多凹坑，凹坑周围金属向四周排挤，其结果是上表面的面积增大，引起壁板拱起。上表层由于金属互相排挤，出现残余压应力；下表层由于拱起弯曲，也出现残余压应力。因为残余应力自相平衡，故在工件中心层出现残余拉应力，如图 6-27 所示。表层残余应力有利于抗疲劳和抗腐蚀。

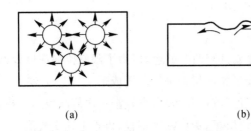
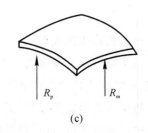

(a)   (b)   (c)

图 6-26 喷丸成形

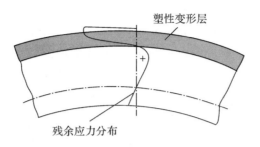

图 6-27 剖面应力分布

工件喷击以后产生的曲率大小与以下因素有关。改变这些因素,可以控制工件的曲率。

(1)喷击强度,包括弹丸的大小、质量、硬度和弹丸喷击的速度以及喷射的角度;

(2)覆盖率,即凹坑的总面积与被喷面积之比;

(3)零件的刚度,即零件保持原形状的能力,主要取决于形状、零件的大小、厚度及材料状态。

6.4.3 喷丸设备

喷丸设备按推进弹丸的方式可分为气动式喷丸机和离心式喷丸机。典型的喷丸机如图 6-28 所示。

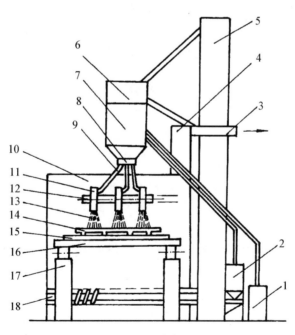

图 6-28 喷丸机

1—破碎弹丸收集器;2—自动式装丸器;3—弹丸回收器;4—排气管;5—弹丸提升器;6—弹丸分离器;

7—弹丸储存室;8—弹丸控制活门;9—输弹管;10—工作室;11—叶轮(或喷嘴);12—叶轮(或喷嘴)支架;

13—弹丸流;14—板坯;15—垫板;16—工作台;17—工作架;18—弹丸传送器

喷丸机的主要部件构成如下:

(1)弹丸的推进装置,将弹丸加速到要求的速度;

(2)弹丸输送提升装置,保证弹丸的重复使用;

(3)弹丸分离机构,清除破碎的或小于标准的弹丸,保证弹丸质量;

(4)弹丸添加装置,补充弹丸消耗;

(5)保证弹丸流和被加工板坯相对运动的装置,一般工作台移动,喷射室固定,反之亦可;

(6)喷射室,板坯在此接受弹丸,控制弹丸不到处飞溅。

目前,喷丸成形一般用铸钢弹丸,不锈钢弹丸效果最佳,非金属弹丸(玻璃或陶瓷)主要用于喷丸强化。铝合金整体壁板最好选用不锈钢弹丸。

6.4.4　喷丸成形工艺

1)单曲度壁板

机翼整体壁板大都是单曲度的,即在弦向有弯曲度,沿翼展方向为直母线。在结构上,一般情况下沿弦向无筋条,沿翼展方向有筋条。因此,弦线方向刚度小,展向刚度大,这有利于弦向弯曲变形,而展向基本不变形。有时单依靠展向筋条刚度还不够,为此在展向增加工艺筋条,如图 6-29 所示。

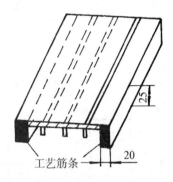

图 6-29　壁板展向工艺筋条

单曲度整体壁板在喷丸机上成形,弦向曲率可通过调节各喷头喷击速度加以控制。喷形后用样板检验,对于不贴合的部分可用手提喷丸机校形。

2)双曲度壁板

双曲度壁板一般是先成形为单曲度壁板,然后再成形为双曲度壁板。双曲度壁板喷丸顺序如图 6-30 所示。

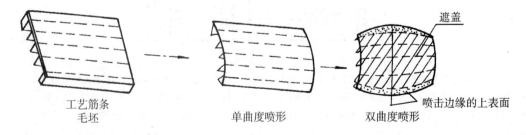

图 6-30　双曲度壁板喷丸顺序

马鞍形壁板成形过程如图 6-31 所示。双曲度壁板一般是先喷外表面,形成单曲度壁板,然后在剖面中性层以下涂橡皮蒙蔽层,单喷筋条上面部分,以产生马鞍形。

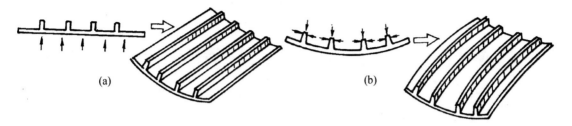

图 6-31　马鞍形壁板喷丸过程

(a)外表面喷丸　　　　　　　　　　　　　(b)筋条喷丸

喷丸成形的特点是专用工艺与装备费用少。一般情况下,不会造成废品,如果出现过成形可在其背面喷击修正。喷丸成形也有缺点,首先是工件表面粗糙度增加,其次是表面铝层可能被击破,影响抗腐蚀能力。

习　　题

1. 橡皮成形的原理是什么?何种零件适于橡皮成形?
2. 具体有哪些描述橡皮成形工艺?
3. 蒙皮拉形有哪些形式?其应用范围是什么?
4. 说明蒙皮拉形时通常破裂部位及原因。
5. 落压成形的主要思想是什么?何种零件适于落压成形?
6. 落压成形时垫橡皮或层板的作用是什么?
7. 喷丸成形的原理是什么?何种零件适于喷丸成形?
8. 描述带筋双曲度壁板的喷丸成形过程。

第二部分　复合材料零件成型

第7章 复合材料基础

7.1 复合材料概述

7.1.1 复合材料定义与命名

结构材料可分为四类:金属、聚合物、陶瓷和复合材料。历史上,这四种材料的重要性如图 7-1 所示,图中清晰地表明聚合物、陶瓷和复合材料的重要性不断增大,而金属的地位逐渐下降。复合材料因其令人满意的性能得到普遍应用,而这些性能是组分材料单独应用时无法实现的。

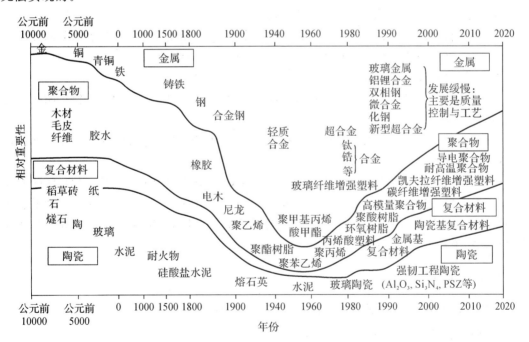

图 7-1 金属、聚合物、陶瓷和复合材料四种材料的重要性变化

复合材料是经过选择的、含一定数量比的两种或两种以上的组分(或称组元),通过人工复合,组成多相、三维结合且各相之间有明显界面的、具有特殊性能的材料。复合材料的组

成相包括基体、增强体和界面(相),如图 7 - 2 所示。

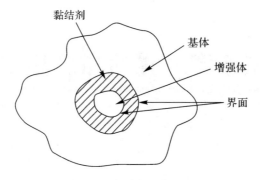

图 7 - 2　复合材料的组成

由复合材料定义可知:

(1)复合材料的组分和相对含量是由人工选择和设计的,即复合材料具有可设计性。

(2)组成复合材料的某些组分在复合后仍然保留其固有的物理和化学性质(区别于化合物和合金)。

(3)复合材料不仅能保持原组分的部分优点,而且能产生原组分所不具备的新性能,即复合材料赋予单一材料组分所不具备的优良特殊性能。

(4)复合材料的性能取决于各组成相性能的协同,并具有新的、独特的和可用的性能,这种性能是单个组分材料性能所不及或不同的。

(5)复合材料是组分之间被明显界面区分的多相材料,即组元之间存在着明显的界面。

(6)复合材料是非天然形成的,以区别于具有某些复合材料形态特征的天然物质。

复合材料的命名方法有以下几种:

(1)强调基体时以基体材料的名称为主,如树脂基复合材料、金属基复合材料、陶瓷基复合材料等。

(2)强调增强体时以增强体材料的名称为主,如玻璃纤维增强复合材料、碳纤维增强复合材料、陶瓷颗粒增强复合材料等。

(3)基体材料名称和增强体材料名称并用,这种命名方法常用来表示某一种具体的复合材料,习惯上把增强体材料的名称放在前面,基体材料的名称放在后面,如"玻璃纤维增强环氧树脂复合材料",或简称"玻璃纤维/环氧树脂复合材料"或"玻璃纤维/环氧"。我国常把这类复合材料统称为"玻璃钢"。

7.1.2　复合材料分类

复合材料种类繁多,分类方法多样,下面列出几种常见的分类方法。

1)按基体材料的类型分类

按基体材料的类型不同,复合材料可分为有机材料基、无机非金属材料基和金属材料基三类。有机材料基又可分为高分子聚合物基和木质基;无机非金属材料基可分为陶瓷基、水泥基、碳基和玻璃基;金属材料基可分为铝基、铜基、镁基和钛基等。具体分类如图 7 - 3 所示。

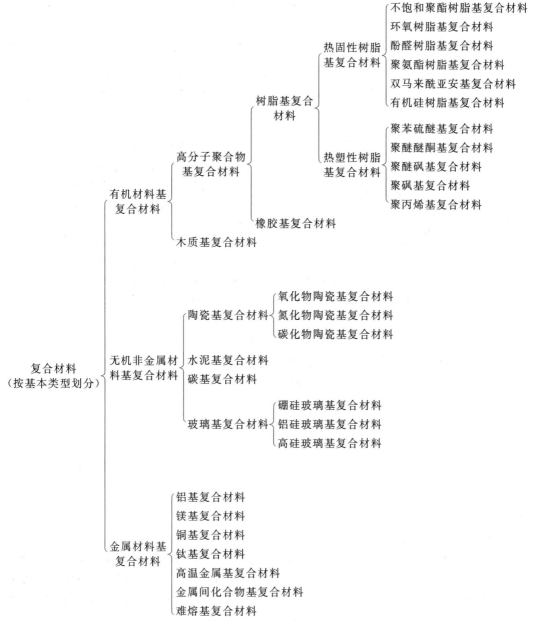

图 7 - 3　复合材料按基体类型分类

2)按增强体的几何形状分类

　　按照增强体的几何形状不同,复合材料可以分为颗粒增强型、纤维增强型和板状增强型复合材料三类。颗粒增强型复合材料按颗粒尺寸的大小又可分为弥散增强型和粒子增强型两类;纤维增强型复合材料按纤维的种类可以分为碳纤维增强、硼纤维增强、有机纤维增强、玻璃纤维增强、金属纤维增强、陶瓷纤维增强、一般纤维增强等;板状增强型复合材料可以分为层压板、蜂窝夹层结构、泡沫夹层结构等。具体分类如图 7 - 4 所示。

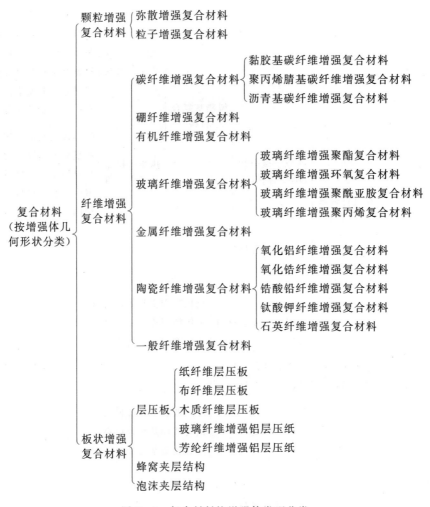

图 7-4 复合材料按增强体类型分类

3）按复合材料的用途分类

按用途的不同，复合材料可以分为结构复合材料与功能复合材料两类。结构复合材料以承受载荷为主要目的，作为承力结构使用的复合材料。功能复合材料是具有除力学性能以外其他物理性能的复合材料，即具有各种电学性能、磁学性能、光学性能、热学性能、声学性能、摩擦性能、阻尼性能以及化学分离性能等的复合材料。

4）按复合材料的性能分类

按性能的不同，复合材料可以分为普通复合材料和先进复合材料两类。普通复合材料，如玻璃钢是用玻璃纤维等性能较低的增强体和普通的树脂构成的，由于其价格低廉得以大量发展和应用。先进复合材料是比原有的普通复合材料性能更高的复合材料，包括用各种高性能增强体（纤维等）与耐温性好的热固性和热塑性树脂基体构成的高性能树脂基复合材料、金属基复合材料、陶瓷基复合材料、玻璃基复合材料、碳基复合材料，也包括使用其力学性能的结构复合材料和使用热、电、磁、光、核、生物及其他性能的功能复合材料。

7.1.3　复合材料基本特性

1)高比强度和高比模量

聚合物基复合材料的增强材料与基体材料密度较小,两者经过复杂工艺制备而成的复合材料又具备较高的强度和弹性模量,因此聚合物基复合材料具有金属材料无法比拟的高比强度($\frac{\sigma_b}{\rho}$)和高比模量($\frac{E}{\rho}$)。比强度和比模量是衡量材料承载能力的指标。比强度越高,同一零件的自重越小;比模量越高,零件的刚性越大。这一优异特性使其在追求减重、增加运输能力的现代战斗机及大飞机设计研制中,都有较好的应用,同时也促进了聚合物基复合材料的研制和发展。表 7-1 列出了几种典型单向纤维增强的聚合物基复合材料与常用金属材料性能的比较。

表 7-1　典型单向纤维增强的聚合物基复合材料与常用金属材料性能

材　料	性　能				
	拉伸强度 MPa	拉伸模量 GPa	比强度 MPa·(g·cm^{-3})$^{-1}$	比模量 GPa·g·(cm^{-3})$^{-1}$	密　度 g·cm^{-3}
铝合金	420	72	151	26	2.78
钢(结构用)	1 200	206	153	26	7.85
钛合金	1 000	117	221	26	4.52
玻璃纤维/聚酯复合材料	1 245	48	623	24	2.00
高强度碳/环氧树脂复合材料	1 471	137	1 014	95	1.45
高模量碳/环氧树脂复合材料	1 049	235	656	147	1.60
芳纶/环氧树脂复合材料	1 373	78	981	56	1.40

2)非匀质性和各向异性

大部分金属结构材料是均匀的(材料中各点之间的性能没有差异)、各向同性的(性能不取决于方向)。然而,大部分复合材料是不均匀且各向异性的。也就是说,随着从基体移动到纤维或者改变测量方向,复合材料性能会发生变化。

聚合物基复合材料不像金属材料那样具有规则的晶格点阵结构,单一金属材料几乎是完美的匀质材料,而最常见的纤维增强聚合物基复合材料是单向纤维预浸带或机织物预浸带铺叠并按照特定的工艺固化而成的层合结构。单向纤维预浸带呈现显著的正交异性,沿纤维方向和垂直纤维方向的力学性能明显不同。机织物预浸带经纬向纤维比例的不同,也同样给机织物增强的聚合物基复合材料带来了明显的正交异性。正常情况下,增强纤维比例高的方向的拉伸强度和模量、压缩强度和模量会比其他纤维含量低的方向要高。各向异性还表现在聚合物基复合材料的层间性能远低于面内性能,如受低能量冲击易出现分层损伤等。

一般来讲,纤维是增加刚度和强度的组分,纤维含量越高,结构的刚度和强度越大。为了获得高的纤维体积分数,纤维必须像木柴捆或火柴一样整齐排列在火柴盒中,这本质上导致了结构的各向异性,如图 7-5 所示的材料坐标系。

图 7-6 表示了弹性模量 E 对角度 θ 的依赖关系,可以注意到,$E(\theta=0°)=E_{11}$ 是轴向模量(用简约符号),$E(\theta=90°)=E_{22}$ 是横向模量。对图中表示的碳纤维/环氧单向层合板来讲,E_{11}/E_{22} 的比值约为 16,同样,轴向和横向的渗透率之比也不在同一数量级上。因此先进复合材料的各向异性程度是非常大的。

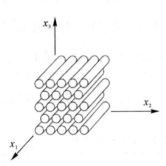

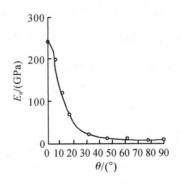

图 7-5　丝束排列单元示意图　　　图 7-6　碳纤维/环氧单向层合板的刚度与测试角度的关系

3)可设计性和工艺性

各向异性的特点使聚合物基复合材料具有可设计性的优势,通过改变不同方向纤维的比例,设计出具有不同参数的正交异性、均衡对称,甚至准各向同性等形式的层合板结构,可以使复合材料结构设计师充分发挥自己的创造性,但是各向异性和非匀质性特点,也提高了结构分析和制造的复杂程度。

(1)可设计性好。可设计性好是复合材料区别于传统材料的根本特点之一。可设计性是指设计人员根据所需制品对力学及其他性能的要求,对结构设计的同时对材料本身进行设计。

材料设计是根据使用要求,选取原材料,安排合适的工艺路线,将其制成满足性能要求的材料。结构设计是确定构件的最终构型、几何尺寸、组合关系等,使之满足力学性能、安全寿命、可加工性和经济性要求。

(2)成型工艺多样。复合材料构件制造工艺简单,适合整体成型。在制造复合材料的同时,也就获得了制件,从而减少了零部件、紧固件和接头的数目,并可节省原材料和工时。复合材料的工艺性能优越,其成型方法多种多样,成型条件机动灵活。

4)其他优良特性

通过复合材料设计与制造技术,可以使复合材料具有优良的耐腐蚀性能、抗疲劳性能、减振性能以及耐磨、自润滑性能等,扩大了复合材料的应用范围。

本书主要介绍纤维增强树脂复合材料。

7.2　树　脂　基　体

树脂基体的选择决定于一系列特征工艺参数和功能及性能,树脂性能也是认识复合材料力学性能的关键因素。

7.2.1　基体功能与性能

1.主要功能

设计合理的复合材料是以增强体来承受载荷的,但当复合材料受剪切和压缩载荷时,树脂将被迫承担制件上的大部分应力。树脂基体性能与最平常的纤维增强体性能相比,增强体的性能至少比树脂性能高了一个数量级。当纤维体积分数提高时,树脂体积分数就下降,这就要求用很少的树脂作为提供纤维到纤维的载荷传递路径,从而进一步提高复合材料性能。要产生良好性能的复合材料,树脂的模量和断裂延伸率都很重要,高韧性的复合材料体系要求树脂的弹性模量高于 2.76 GPa,拉伸断裂应变大于 4%。同时树脂应能充分渗透纤维表面,且能形成不随时间和暴露环境降低的强界面结合,这会让载荷均匀分布在增强体形成的一个整体而非一系列单独的纤维上。

基体是复合材料中必不可少的“胶”,这种“胶”能保持纤维于合适的位置,而且能传递纤维之间的载荷。其主要功能如下:

(1)固定纤维位置,将增强材料黏结在一起,使其处于合适的位置和方向;

(2)承受应力并传递至纤维,使载荷基本均匀地分配在纤维上;

(3)保护对缺陷或缺口敏感的纤维,防止裂纹和损伤的发生和扩展;

(4)保护纤维免受环境潮湿影响和化学腐蚀或氧化;

(5)避免材料脆化和提前失效(层合板结构)。

2.基本性能

作为先进复合材料的树脂基体,应具备四项基本性能:力学性能、工艺性能、耐热性能和耐老化性能。

1)力学性能

基体在复合材料中的一个重要作用是承受初始载荷,并在纤维之间传递应力,基体的黏结力和模量是支配基体传递应力的两个最重要的因素,这两个因素的联合作用,可影响到复合材料拉伸时的破坏模式。力学性能保证了树脂基体的可应用性。

2)工艺性能

树脂基体的工艺性能主要包括树脂的流动性能、浸润性能、黏结性能和固化性能。其中,固化性能是成型方法选择和工艺参数确定的主要依据。

(1)流动性能:流动性能保证了树脂在纤维结构中的扩散能力。热固性树脂的相对分子质量都不太大(200～400),因此都具有较低的软化温度和黏度,和低分子化合物一样具有良好的流动性。随着树脂固化反应的进行,相对分子质量增大,同时出现交联,树脂的黏度增大,流动性降低。

(2)浸润性能:制备纤维或织物增强复合材料时,首先保证树脂均匀地浸渍或涂刷在纤维或织物上。因此,树脂对纤维的浸润能力,是树脂能否均匀地分布于纤维周围的重要因素,也是树脂和界面产生良好黏附力的重要因素。从工艺角度分析,如果树脂黏度较小,流动性好,有利于树脂对纤维的浸润。

(3)黏结性能:树脂对增强纤维的黏附,与任何液体对固体表面的黏附一样,可以按热力学公式来计算其黏附功。黏结性能保证了树脂和纤维的结合强度。对于纤维增强的聚合物复合材料,衡量一种树脂的黏结性能,除了考虑树脂与纤维的浸润性和黏附功外,还必须考虑它本身固化时的体积收缩率、有无小分子逸出以及断裂延伸率是否与纤维相适应等。

(4)固化性能:固化性能保证了树脂在结构中的自身强度。对于热固性树脂,固化是线型树脂在固化剂存在或加热条件下,发生化学反应而转变成不溶、不熔并具有体形结构的固态树脂的全过程。在固化过程中,热固性树脂由黏流态转变为具有一定硬度的固态,因此也叫硬化,所以固化既指树脂在转化过程中的物理状态变化,又指过程中发生的化学变化。对于热塑性树脂,固化仅是物理变化过程。

3)耐热性能

基体的耐热性能包括物理耐热性和化学耐热性。物理耐热性是树脂在一定条件下仍然能保留其作为基体材料的能力,包括模量、强度、变形等;化学耐热性是树脂在发生热老化时的温度范围,包括失重、分解、氧化等。耐热性能保证了树脂基体对环境的适应性。

4)耐老化性能

耐老化性能是指树脂在使用环境中的性能变化。在高分子材料的使用过程中,由于受到热、氧、水、光、微生物、化学介质等环境因素的综合作用,高分子材料的化学组成和结构会发生一系列变化,物理性能也会相应变坏,如发硬、发黏、变脆、变色、失去强度等,这些变化和现象称为老化。高分子材料老化的本质是其物理结构或化学结构的改变,包括日光、冷热和风雨等气候条件,尤其是紫外线对树脂性能的破坏。耐老化性能保证了树脂基体的使用周期。

根据加工方法的不同,树脂基体可分为热固性树脂和热塑性树脂两类。热固性树脂是反应性聚合物为基体相,在复合材料的成型工艺过程中发生聚合反应;热塑性树脂是聚合物以完全聚合好的形式参与复合材料的成型工艺。

聚合反应分为加成聚合(简称加聚)和缩合聚合(简称缩聚)。由一种或多种具有不饱和键的单体或环状化合物,在一定条件下,打开不饱和键或开环相互连接成聚合物的反应称为加聚反应。在加聚反应中没有副产物,所生成的聚合物与单体具有相同的组成。缩聚反应由一种或多种单体相互作用生成聚合物,同时还有低分子化合物(如 H_2O、NH_3 等)生成。

热固性树脂,因加热或与固化剂反应,能发生交联,变成不溶、不熔的网状产物。但由于交联反应是不可逆的,这种树脂在固化前的某一阶段可能是液体,一旦固化,则受热不能再软化,除非高温降解。热塑性树脂是线型或支链型的高分子化合物。这类树脂能反复加热变软,具有可塑性,但冷却后又能变硬。

7.2.2　热固性树脂基体

热固性树脂是发展最早、应用最广的聚合物基体。通常使用的热固性树脂包括环氧树脂、不饱和聚酯和乙烯基酯树脂等。这些热固性树脂包含很宽范围的化学制品,也能够得到宽范围的物理性能与力学性能。热固性树脂形成紧密结合的三维网状结构,是化学桥接的坚硬固体。其力学性能与构成网状结构的分子单位、桥接的长度及密度有关。前者由使用的初期化合物所决定,后者则由固化桥接的过程所控制。固化虽然在室温下也可以进行,但是为了得到最佳桥接与最佳性能,一般是加热到预定的温度,并保温一定的时间,来实现固化桥接。另外,为了减小使用过程中性能的变化,还可以在较高的温度下进行后处理。固化中的收缩与基于随后冷却过程中的热收缩是造成复合材料中残余应力的原因。

1. 环氧树脂

环氧树脂是众所周知的制造航空航天复合材料的原材料,众多可供选择的环氧和固化剂使环氧树脂体系的种类在工艺范围和可达到的物理性能方面非常多样化。结构复合材料制件中最常用的环氧树脂是双酚 A、双酚 F 缩水甘油衍生物,酚醛型和亚甲基二苯胺衍生物等,部分常用环氧树脂的化学结构如图 7-7 所示。

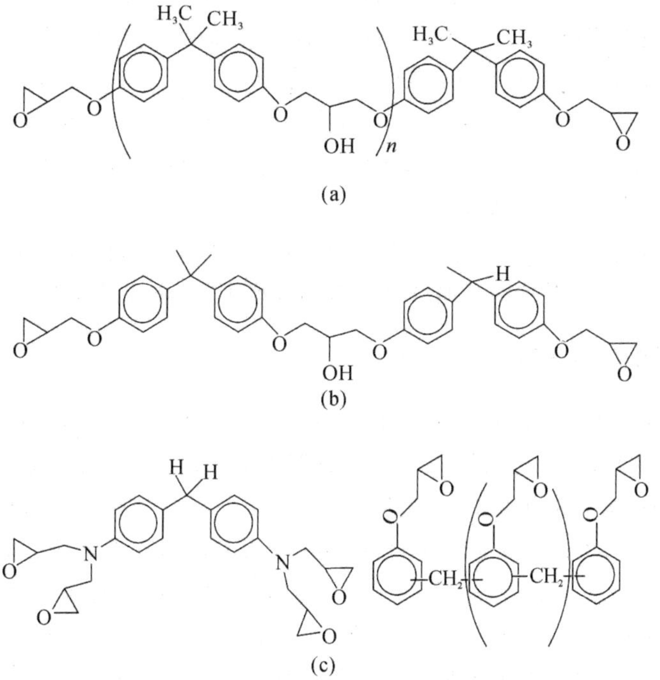

图 7-7　部分常用环氧树脂的化学结构

(a)双酚 A 型二环氧甘油醚;(b)双酚 F 型二环氧甘油醚;

(c)含亚甲基的双苯胺型四官能环氧含苯酚和甲醛型的酚醛类环氧

环氧树脂多为黏稠液体或固体。分子中含有两个或两个以上环氧基团或缩水甘油基团,如图 7-8 所示。环氧树脂的分子结构以分子链中含有活泼的环氧基团为特征,环氧基团可以位于分子链的末端、中间,或成环状结构。由于分子链中含有活泼的环氧基团,它们可与多种类型的固化剂发生交联反应而形成不溶、不熔的具有三向网状结构的高聚物。

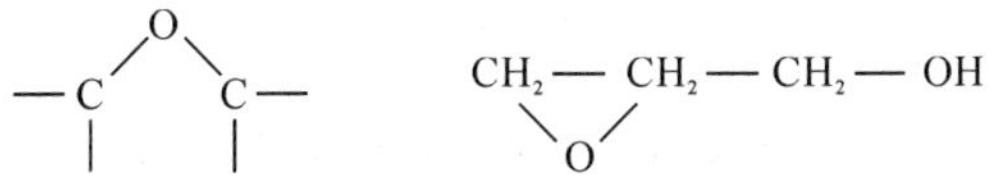

图 7-8　环氧基团或缩水甘油基团

固化后的环氧树脂性能不仅与树脂本身的类型有关,还与固化剂的类型、用量以及固化条件有关。环氧树脂需要用固化剂形成最终的聚合物。对于热固性树脂,固化剂的选择非常重要。因为固化剂决定最终形成聚合物的热性能和力学性能，也决定着树脂体系工艺性能依赖的温度和黏度变化。环氧树脂通常使用的固化剂是芳香族或脂肪族胺类、酸酐和酚醛。

2. 酚醛热固性树脂

以酚类或其衍生物与醛类缩聚而成的树脂统称为酚醛树脂，其中以苯酚和甲醛经缩聚反应而得到的苯酚-甲醛树脂最为重要。酚醛树脂是最早合成的一类热固性树脂。由于其价格低、性能突出，迄今仍得到广泛应用。

酚醛树脂分热固性和线型热塑性树脂两类。采用碱催化剂（如 NaOH、NH₄OH）控制酚与醛的物质的量的比略小于1，可以制得热固性酚醛树脂。该树脂能溶于丙酮和酒精，受热可以自熟化（即固化、硬化），常用的固化温度为 150～170 ℃。也可以在树脂中加入无机酸（如盐酸）或有机酸（如对甲苯磺酸）进行固化。固化过程中从可溶、可熔的甲阶树脂经由乙阶转变为不溶、不熔的丙阶树脂。采用酸性催化剂，控制酚与醛的物质的量的比稍大于1，可以制得线型热塑性酚醛树脂。

酚醛树脂具有优良的耐酸、耐热性能，但较脆。为了改善脆性和其他物理性能，提高对玻璃纤维的黏结性能，改进它和其他纤维材料的成型工艺，往往需要对其加以改性。

7.2.3　热塑性树脂基体

与热固性树脂不同，热塑性树脂不发生桥接，是由单体要素的潜在性质非常大的相对分子质量而产生强度和刚度。这意味着热塑性树脂中分子链的结合能够起到类似于桥接的作用，在半晶体材料中分子的排列高度发达。对于无定形材料加热，分子链的结合加强，从液体变为坚硬的固体。对于晶体材料，由于加热时成为无定形黏性液体，晶体相溶解，根据无定形及半晶体聚合物硬化中的条件而可能产生各向异性。对于无定形聚合物，这是由成型或随后的塑性变形中产生的分子排列所引起的。同样，在晶体性聚合物中，例如由纤维表面的不均匀形核，或由溶液中的温度梯度所引起的某一方向上的优先生长，使晶体的薄片择优取向发展。

1. 聚烯烃树脂

聚烯烃树脂是一类发展最快、品种最多、产量最大的热塑性树脂，主要品种有聚氯乙烯、聚乙烯、聚丙烯、聚苯乙烯等。其中聚丙烯常用作复合材料基体。聚丙烯在工业上是丙烯在氯化钛-烷基铝复合催化剂作用下进行配位聚合而得的（见图 7-9）。

$$n\mathrm{CH_2}{=}\mathrm{CH}{-}\mathrm{CH_3} \longrightarrow +\!\!\mathrm{CH_2}{-}\underset{\underset{\mathrm{CH_3}}{|}}{\mathrm{CH}}\!\!+n$$

图 7-9　聚丙烯聚合

由配位聚合得到的聚丙烯是头尾相接的线型结构，其分子链具有等规立构、间规立构和无规立构三种空间定向结构。工业产品除另有标明者外均指等规聚丙烯。等规聚丙烯的甲基侧链在主链的一侧呈主体规整地有序排列，因而是一种高结晶、高立体定向性的热塑性树脂，结晶度为 60%～70%，等规度＞90%，熔点为 170～175 ℃，密度为 0.90～0.91 g/cm³，质轻、无色、无味、无嗅、无毒、耐酸、耐碱、耐有机溶剂等化学药品，吸水率为 0.01%～

0.03%,有较高的强度、刚度,可在110～120 ℃连续使用,尤其具有出色的抗拉强度、开裂能力与挠曲性。工业生产采用浆液法、液相本体法、气相法或液相本体-气相结合工艺技术,在三氯化钛-氯二乙基铝催化剂的作用下,由丙烯单独或与少量乙烯、丁烯、己烯等烯烃聚合而成。

2.聚甲醛树脂

根据分子链化学结构的不同,聚甲醛分为均聚甲醛和共聚甲醛两种。聚甲醛是高结晶、无支链、高密度的线型聚合物,外观呈白象牙状,乳白色,不透明,相对密度为1.41～1.42。与金属相比,具有质量轻、易成型、不导热、不导电、外形美观、成本低廉等特点。其综合物理、机械性能优良,比强度和比刚度与金属接近。它的硬度、耐磨性和耐疲劳性、回弹性和韧性、耐溶剂性以及成型的尺寸稳定性、电绝缘性也都比较好。

均聚甲醛是用经过精制的三聚甲醛,以三氟化硼-乙醚络合物为催化剂,在有机溶剂(例如石油醚)中聚合,再经端基封闭而得到的稳定聚合物。共聚甲醛是用三聚甲醛与少量二氧五环,以三氟化硼-乙醚络合物为催化剂聚合,再除去大分子链两端不稳定部分而得到的。均聚甲醛比共聚甲醛结晶度高,机械性能高10%～20%;共聚甲醛与均聚甲醛相比,其有较好的热稳定性、成型温度较宽,对酸、碱的稳定性较好。

7.2.4　两种树脂的比较

宇航用环氧树脂体系固化过程中典型升温过程和相应的黏度变化曲线如图7-10(a)所示,分为三个阶段。

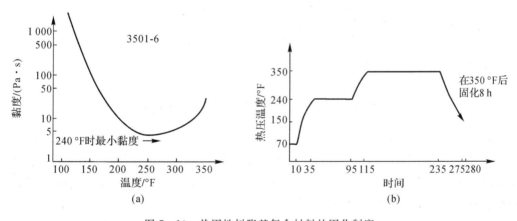

图7-10　热固性树脂基复合材料的固化制度

(a)固化过程中黏度的变化;(b)AS4/3501-6标准固化制度

注:1 °F=17.2 ℃。

(1)在室温下热固性树脂具有一定的黏度,随着温度的升高,黏度逐渐降低;

(2)随着温度的继续升高,树脂黏度将会降低到最低,此后随着固化反应的进行,树脂黏度会逐步升高;

(3)随着固化反应的进行,热固性树脂的相对分子质量和黏度增加非常快,仅有一个黏度较窄的加工窗口。

热固性树脂基复合材料的固化制度如图 7-10(b)所示：

(1)固化开始时,必须升高一定的温度,使得热固性树脂黏度降至最低黏度；

(2)在热固性树脂的最低黏度所提供的加工窗口内,必须保温一段时间,以保证树脂充分流动和浸润；

(3)在树脂流动完成后,必须继续升高一定的温度保证固化充分完成；

(4)固化完成后,降温过程的时间控制必须保证不产生过大的残余应力。

热塑性树脂基复合材料的加工分为三个步骤:熔融、压实和固化,如图 7-11 所示。

(1)熔融:热塑性复合材料必须得到加热来熔融基体树脂并黏结表面。

(2)压实:当热塑性预浸料铺层在熔点以上受压时,预浸料将接近密实并逐渐排除层间的自由空间。

(3)固化:在固化过程中,压力需要保持直到材料的温度低于玻璃化转变温度,以限制树脂中形成空隙,并克服纤维网络回弹使复合材料形成一定的形状、尺寸。

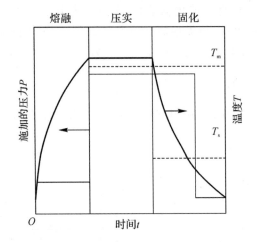

图 7-11　热塑性树脂基复合材料加工的压力-温度-时间曲线

综上所述,两种树脂比较内容如下：

(1)加工方案不同。热固性树脂在低相对分子质量(即低黏度)下加工,而热塑性树脂在高相对分子质量(即高黏度)下加工。在相同的温度和剪切速率下,热塑性树脂的黏度比未固化的低相对分子质量热固性树脂高许多数量级。

(2)成型方式不同。热固性树脂可以容易地润湿纤维,可以实现现场浸润,然后发生反应,形成高相对分子质量的固体结构。固化途径包括加热、施加其他能量、混合活性反应组分等。热塑性树脂室温下是固体,但高黏度必须通过专门的技术来实现对纤维的浸润。通过熔融、压实、固化成固体,因此具有快速加工的潜力,同时可回收利用。

(3)加工温度不同。热塑性树脂必须加热到比热固性树脂高很多的温度成型。对于航空航天常用的环氧复合材料的加工温度为 177 ℃,而性能大约相当的热塑性树脂体系则要求350 ℃或更高的温度。

(4)成型工艺特点。热固性树脂和热塑性树脂成型工艺特点比较见表 7-2。

表 7－2 热固性树脂和热塑性树脂成型工艺特点

	热固性树脂	热塑性树脂
固化性质	固化时发生化学反应	无化学反应
工艺可逆性	工艺过程不可逆	有后成型能力,可再加工
黏度/流动性	黏度低/流动性高	黏度高/流动性低
成型时间	固化时间长	工艺时间可能较短
预浸料状态	预浸料发黏	预浸料僵硬

(5)成型工艺的优缺点。热固性树脂和热塑性树脂成型工艺的优缺点见表 7－3。

表 7－3 热固性树脂和热塑性树脂成型工艺优缺点

	热固性树脂	热塑性树脂
优点	①工艺温度相对较低; ②纤维浸润性好; ③可成型为复杂形状; ④黏度低	①韧性优于热固性树脂; ②废料可重复利用; ③不合格零件可再成型; ④成型快(成本低); ⑤存储期没有限制,不需冷藏; ⑥抗分层能力强
缺点	①工艺过程时间长; ②存储时间受到限制; ③要求冷藏	①耐化学溶剂性低于热固性; ②要求非常高的工艺温度; ③释放的气体有污染性; ④工艺经验有限; ⑤数据库比热固性少

7.2.5 树脂基体渗流行为

对于树脂基复合材料而言,无论是热固性树脂还是热塑性树脂,复合材料成型均涉及树脂在纤维增强体中的流动。树脂流动的合理控制是决定复合材料制件性能的重要条件,控制着成型过程中的孔隙结构、孔隙大小、孔隙分布等。在所有的复合材料加工过程中,树脂的流动和固化对材料最终的微观结构,进而对复合材料制件的性能有重要的影响。在绝大多数连续纤维复合材料的加工过程中,增强纤维最初处在预浸状态,为了清楚地了解加工过程中的树脂流动状态,需要预先知道小范围的纤维重新定位和体积分数的变化。增强纤维网格最初处于非浸渍状态,考虑到充模(宏观流动)和纤维浸渍(微观流动)在树脂流动过程中同时进行,必须控制这两个相互竞争的流动现象,以实现增强体纤维的完全浸渍。

1. 多孔介质中树脂的流动

一般而言,多孔介质包括,表征组成介质的颗粒和孔隙的小尺度,还有决定介质的整个长度的大尺度。若多孔介质包含多个尺度的颗粒时,也可能存在一些中间尺度。多孔介质可用不同的尺度表征,如图 7－12 所示。此外,其他类型尺度的存在取决于多孔介质的其他性质,如流体流动行为。

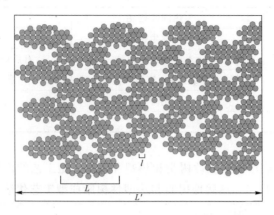

图 7 - 12　含有多尺度纤维的多孔介质示意

宏观尺度 L',表示介质的整体大小,而微观尺度 l 表征最小单元,如单根纤维或纤维间的孔隙。L 表示介观尺度,指组成介质的丝束大小。

典型液态树脂在多孔介质的具体流动行为可以用无压缩流动的 Navier - Stokes 流体力学方程表示:

$$\rho \frac{\mathrm{d}\boldsymbol{V}}{\mathrm{d}t} = -\nabla P + \mu \nabla^2 \boldsymbol{V} \tag{7-1}$$

式中:ρ——流体密度;

　　$\boldsymbol{V}$——速度矢量;

　　P——压力;

　　μ——黏度。

式(7-1)左侧表示流体速度矢量的微分。由于复合材料加工过程中液体流动相当慢,因此等式可以直接简化,甚至对结构树脂注射成型,可忽略包含在微分中的非线性动量因素,得到 Stokes 流体方程:

$$\boldsymbol{0} = -\nabla P + \mu \nabla^2 \boldsymbol{V} \tag{7-2}$$

对于形状非常复杂的多孔介质表面来讲,式(7-2)求解受到非滑动边界条件的影响。

解决复杂几何形状的多孔介质中流动行为的传统方法是通过体积平均化进一步简化等式(7-2)。平均体积利用中尺度 L,它小到足以涵盖大多数实际应用的信息,如工艺设计,但也大到消除许多几何上的复杂性。将标量 B 的体积平均定义为

$$\langle B \rangle = \frac{1}{V} \int_V B \mathrm{d}V \tag{7-3}$$

式中:V——平均体积,且 $V \propto L^3$。

类似的关系也可以定义矢量和张量的性质,所以动量等式[见式(7-2)]可实现体积平均化。如果当实施上述转变并假设多孔介质尺度上是无限的,那么得到 Darcy 关系式:

$$\langle v \rangle = \frac{\boldsymbol{K}}{\mu}(\nabla P) \tag{7-4}$$

式中:$\boldsymbol{K}$——渗透率张量,仅依赖于多孔介质体积平均化后的几何形状。

因此,计算几何形状复杂的多孔介质中的具体流动行为的困难已被用包含未知量 $\mathbf{K}$ 的等式计算多孔介质的平均流动行为代替。由于未能准确知道这些介质的几何尺寸,实际上多孔介质的 $\mathbf{K}$ 是未知的。对典型多孔介质或重新构建的多孔介质的 $\mathbf{K}$,在简单的实例中可以计算出解析解,而对于复杂的情况可以得到数值解。

2. Darcy 定律

1852—1855 年,法国水利工程师 Darcy 在装有均质砂土滤料的圆柱形筒中做了大量的渗流实验(Darcy 实验),实验装置如图 7-13 所示,发现地下水运动服从下式所示的线性基本规律,即著名的 Darcy 定律:

$$Q = K \cdot A \cdot J \tag{7-5}$$

式中:Q ——渗透流量$(\mathrm{cm^3/s})$;

　　A ——渗透断面面积$(\mathrm{cm^2})$;

　　J ——水力坡度,$J = (H_1 - H_2)/L$;

　　K ——比例常数(渗透系数)$(\mathrm{cm/s})$。

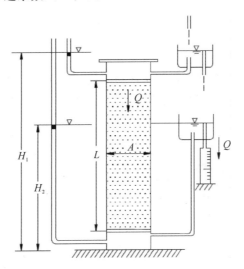

图 7-13　Darcy 实验装置示意图

在树脂基体的渗流行为过程中,Darcy 定律可表述为:流过试样界面的树脂体积流量 Q 与界面面积 A,以及试样上的压力差 Δp 成正比,与试样流动方向上的长度 L 和树脂黏度 μ 成反比:

$$Q = K \frac{A}{\mu} \frac{\Delta p}{L} \tag{7-6}$$

实际上,在树脂充入并流经纤维之间的空间的过程中,有很长一段时间处于纤维、树脂和空气共存的三种流动状态,但用一个精确的模型去描述流动过程是非常困难的。常用的 Darcy 定律的表达式如下:

$$v = -\left(\frac{K}{\mu}\right) \cdot (\nabla p) \tag{7-7}$$

式中:v ——渗流速度$(\mathrm{cm/s})$,$v = Q/A$;

μ ——树脂黏度(cm^2/s)；

K ——预成型体渗透率。

7.3 纤维增强体

增强体是复合材料中提高材料力学性能的组分，在复合材料中起着增加强度、改善性能的作用。增强体的基本特征：能明显提高材料的一种或几种性能，具有良好的化学稳定性，与基体有良好的润湿性等。

7.3.1 纤维增强体功能

复合材料的第二种组分是纤维，实际上复合材料许多独特的性能来源于纤维的种类。其主要功能为：承受主要载荷；限制微裂纹延伸；提高材料强度与刚性；改善材料抗疲劳、抗蠕变特性；提高材料使用寿命及可靠性。

7.3.2 纤维增强体形变

1. 纤维变形

增强体织物能够通过许多变形机制实现与非展开曲面的一致贴合。尽管有许多共同的机制存在，但特定材料的形变行为是由纤维结构决定的。图 7-13 中展示了这些变形方式。

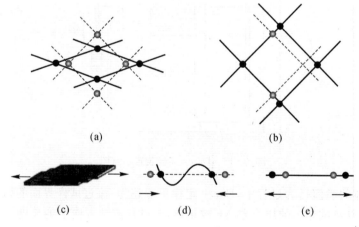

图 7-14 增强体变形方式

(a)纤维间剪切；(b)纤维间滑移；(c)层间滑移；(d)纤维屈曲；(e)纤维伸长

1)纤维间剪切

当纤维绕它们的交叉点(缝合或者编织中心)旋转时织物会受到剪切作用。剪切角受织物结构的限制，每一种材料都呈现出一个决定剪切变形极限的有效"锁定角"。

2)纤维间滑移

一些织物能够在纤维交叉点滑移产生变形，这样织物能够有效地局部伸展。尽管对于具有复杂制件几何外形的产品，纤维间滑移是一个非常重要的机制，但是这种情况通常只有在织物达到剪切变形的极限时才变得显著。

3)层间滑移

当使用多层增强体时,各层之间可能会产生滑移。当成型一个单曲率区域时,层间滑移会非常明显。

4)纤维屈曲

当织物承受面内局部压缩时会发生纤维屈曲,这将导致预成型体的褶皱和弯折。纤维屈曲很可能会发生在滑移或者剪切变形达到极限的时候。通过织物铺敷模拟确定已达到测量的织物锁定角的区域,就可以对纤维屈曲问题进行预测。

5)纤维伸长

由于织物的剪切刚度比起单独纤维的模量要小几个数量级,纤维伸长对于大多数的增强体是可以忽略的。

2.定向纤维束的形变行为

航空用先进复合材料的纤维体积分数通常很高,一般在 $0.5 \leqslant V_f \leqslant 0.7$ 范围内,这种高纤维体积分数,常导致两个重要结果:

(1)纤维必须平直排列,这就产生各向异性行为;

(2)纤维间的间隙很小,这会导致纤维-纤维间产生大量的接触。

平均纤维间隙 δ_f 可按下式计算:

$$\frac{\delta_f}{d} = \left(\sqrt{\frac{V_a}{V_f}} - 1 \right) \tag{7-8}$$

式中:V_a——最大有效纤维体积分数;

　　d　——纤维直径;

　　V_f——纤维体积分数。

对图 7-15 所示的矩形排列的纤维而言,$V_a = \pi/4$,若 $V_f = 0.65$,则 $\delta_f/d \approx 0.10$,典型的碳纤维直径为 $d \approx 10^{-5}$ m,则纤维间的间隙 $\delta_f \approx 10^{-6}$ m。

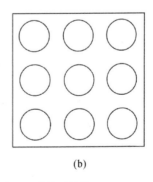

(a)　　　　　　　　　　　　　(b)

图 7-15　碳纤维/环氧复合材料纤维排列结构

(a)碳纤维/环氧复合材料的显微照片;(b)正方形堆积阵列角度的关系

实际上,纤维不可能完全排列整齐,因此这种很小的平均纤维间隙就说明有很多纤维相互接触,实际情况也是这样。在先进复合材料的纤维体积分数的范围内,纤维束能承受有限的横向载荷,甚至有时复合材料的成型工艺条件也取决于纤维的承载能力。

这样小的纤维间距会带来若干后果。在固体复合材料中,树脂被限制在纤维之间很小的空间内,这会导致高度的应力集中和由基体决定的性能下降。在加工过程中,也会带来一些严重后果。例如,真正复合材料中纤维间距的变化是很大的,小的平均纤维间距意味着相当多的纤维的接触,当在纤维横向加压时纤维束就可能承载,直接的后果就是减小了树脂固化时的压力,并可能导致缺陷的产生。小纤维间距的另一个重要影响是带来大的综合剪切阻力,这将影响到纤维的铺敷性,进而导致制造时操作性能变差。最后纤维束尺寸范围内的渗透率大约可以表示为 δ_{f}^2,因此小的纤维间距将导致很小的渗透率。这些因素的作用限制了实际的最大纤维体积分数。通常实际纤维体积分数远低于理论的体积分数:对纤维正方形排列情形,最大纤维体积分数为 0.785;对六边形排列,最大纤维体积分数为 0.907。

定向纤维束的一些典型工艺过程示意图如图 7-16 所示。该图说明在成型工艺过程中,纤维束可能处于复杂的三维应力状态。例如,纤维缠绕过程中纤维束受到轴向拉伸,拉挤过程促使纤维束相互接触,相应地提高了纤维体积分数。这些现象对纤维束的浸渍行为有很大的影响。另外,缠绕过程中的轴向拉伸会产生径向压缩,在纤维束的芯部尤其明显。这当然会降低贴近模具面的纤维束的轴向拉应力,甚至会产生轴向压缩。平板模压过程中,纤维处于横向压缩过程中,因此纤维束的横向承载能力十分重要。在成型过程中,横向压缩对黏滞剪切有十分重要的影响。

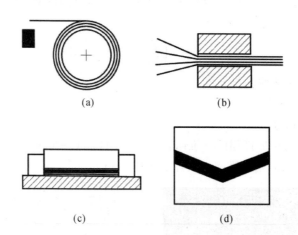

图 7-16 先进复合材料成型方法及纤维束承受的不同载荷
(a)缠绕;(b)拉挤;(c)平板模压;(d)变形成型

可以认为,平行排列的无摩擦纤维束能响应施加的弹性或黏性载荷。基本上黏性载荷产生相应的剪切应力,而弹性载荷则产生相应的正应力。

首先考虑平行排列的无摩擦纤维束单元体是如何承受总体应力张量(T_{ij})的各种分量的,如图 7-17 所示。这里拉应力定义为正值,下式将总体应力分解为由纤维承受的应力 t_{ij} 和由树脂承受的压应力 p_{r} 两部分:

$$T_{ij} = t_{ij} - p_{\mathrm{r}}\delta_{ij} \tag{7-9}$$

式中:δ_{ij} ——克罗内克因子,$i = j$ 时,$\delta_{ij} = 1$,$i \neq j$ 时,$\delta_{ij} = 0$。

式(7-9)进一步将纤维束承受的应力分解为轴向应力 σ_{ij} 和切向应力 τ_{ij},即

$$t_{ij} = \sigma_{ij} + \tau_{ij} \qquad (7-10)$$

轴向应力定义如下：

$$\sigma_{11} = \sigma_1 = t_{11} \qquad (7-11a)$$

$$\sigma_{22} = \sigma_{33} = \sigma_b = \frac{1}{2}(t_{22} + t_{33}) \qquad (7-11b)$$

$$\delta_{ij} = 0 \quad (i \neq j) \qquad (7-11c)$$

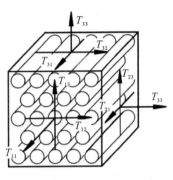

图 7-17　纤维束单元在材料
坐标系下的应力各分量

无流体压力存在时，应力 σ_{ij} 全部由纤维束的弹性形变承受。其中 σ_b 指的是正应力，实际是 2-3 平面内的正应力。因此只有两个重要的轴向应力 σ_1 和 σ_b，这两个应力可以通过三个弹性本构方程与纤维束的变形联系起来。一方面，纤维束只能承受压缩正应力，因此总有 $\sigma_b \leqslant 0$；而另一方面 σ_1 可以是正或负值。由于纤维束受约束的情况不同，很小的压缩载荷就可能使纤维屈曲，因此通常情况下讨论只限于 $\sigma_1 \geqslant 0$ 的情况。

无剪切强度润滑的平行排列纤维束对应力的剪切分量 τ_{ij} 的形变响应主要是黏性的，且依赖于液体或树脂性质及纤维结构。对于横观各向同性纤维束只有两种剪切模式：纵向剪切和横向剪切。因此对线性流体，剪切应力分量与形变速率的关系如下：

$$\tau_{ij} = 2\eta_\alpha d_{ij} \qquad (7-12)$$

其中形变率由下式给出：

$$d_{ij} = \frac{1}{2}\left(\frac{\partial v_i}{\partial x_j} + \frac{\partial v_j}{\partial x_i}\right) \qquad (7-13)$$

式中：v_i 和 x_i——速度与轴向坐标位置。

下标 α 取两种值：i 或 $j=1$ 时，$\alpha=L$（纵向）；而其他情况下 $\alpha=T$（横向）（注：$\tau_{ij}=0$ 即所有轴向应力都做弹性处理）。相应于两种材料函数 η_L 和 η_T 的剪切模式如图 7-18 所示。

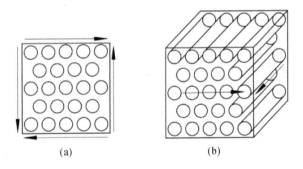

(a)　　　　　　　　(b)

图 7-18　两种剪切形变模式
(a)横向剪切"η_T"；(b)纵向剪切"η_L"

这两种剪切模式在平行排列的纤维通过变形成为复杂形状的过程中起十分重要的作用。实际上，可以采用动力学方法直接计算得到较理想的、形成不同形状所需剪切形变的估计值。研究表明，在热固性和热塑性材料中，这些模型是由非牛顿流体的黏性行为所控制的。

总之，定向纤维束的形变行为可用包含有三个弹性、两个黏性参数的本构方程的理论来描述。应力张量的分解基于定向纤维束是横观各向同性,且建立在 2-3 面内无剪切强度的多孔网络这一前提下的。当然,当纤维束处于很高的载荷下,或者当纤维束间的润滑不良或润滑无效,以及纤维束排列严重不整齐时,这一前提是不成立的。其原因是所有这些因素或这些因素的组合,都会在 2-3 方向产生屈服应力,导致纤维间缠结从而阻碍纤维束发生进一步剪切变形。

7.3.3 玻璃纤维与碳纤维

纤维增强体主要考虑的特征包括强度、模量(刚度)、密度、使用温度、耐疲劳性和价格。作为复合材料强化体的纤维,从材质上讲可以是金属、氧化物、碳化物、氮化物、硼化物等,从形态上讲可以是长纤维(连续纤维)、短纤维、晶须等。由于制备技术的开发与进步,几乎所有的无机化合物都可以制成纤维。纤维可以分为连续纤维(长纤维)和不连续纤维(短纤维),同时可以根据预制体的结构要求,利用纺织、针织、编织等手段形成各类结构的预制体。下面主要介绍玻璃纤维和碳纤维两种。

1)玻璃纤维

玻璃纤维是纤维增强体中最普遍的增强材料。玻璃纤维的优点主要有中等到高的强度、低成本、耐高温(软化点为 850 ℃)、可见光下透明和热膨胀各向同性。与其他增强体比较,玻璃纤维的缺点是密度大(为 2.5 g/cm³)、表面缺陷敏感和受潮敏感。玻璃纤维结构为基于二氧化硅(SiO_2)的无定形陶瓷。二氧化硅呈四面体结构,其中氧原子处于四个顶角,而硅原子处于四面晶体结构的中心,如图 7-19(a)所示。这些四面体连在一起形成非晶态或玻璃态的网状结构,如图 7-19(b)所示,也可以用其他原子或氧原子进行改性。玻璃纤维是由熔体通过纺丝的指定孔以规定的精确速度拉出的。

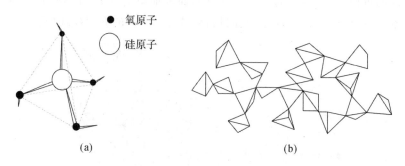

图 7-19 玻璃纤维结构

(a)SiO_2 结构图;(b)SiO_2 在无定形结构中的排列形貌(非结晶性网状结构)

2)碳纤维

碳纤维是一种具有高强度、高刚度、轻质的增强材料。常用的碳纤维按照模量分为许多级,如低模量(227~241 GPa)、中等模量(275~345 GPa)和高模量(345~965 GPa)。碳纤维结构如图 7-20 所示,碳原子在非常有序的片或平面上,且由该平面中的主要共价键来承担载荷,致使碳纤维的强度高。碳纤维的强度依赖于平面中平行于纤维轴向的程度及存在的缺陷(空隙、杂质、非线性排列)含量。然而,层间结合较弱,致使垂直于纤维轴向的性能较低。

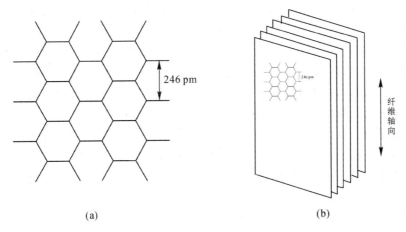

（a）

（b）

图 7 - 20　碳纤维结构
（a）碳原子堆积成六边形；（b）一系列的石墨片层构成碳纤维

7.4　界　　面

复合材料的界面是指基体与增强体之间化学成分有显著变化的、构成彼此结合的、能起载荷传递作用的微小区域。界面虽然很小，但它是有尺寸的，为几纳米到几微米，是一个区域或一个带或一层，厚度不均匀。同时，界面上的化学成分和相结构是很复杂的。

7.4.1　界面基本概念

由于增强体与基体接触时在一定条件下可能发生化学反应，或两相元素的扩散、溶解而产生新相，即使不发生上述相互作用，也可能由于基体本体结构的差异而形成界面相。同时预先涂在增强体表面上的各种涂层或经表面处理后产生的结构变化层也可视作界面相。

1）界面（相）的构成

复合材料的界面并不是只指由增强体与基体相接触的、单纯的一个几何面，而是一个包含该几何面在内的从基体到增强体的过渡区域。在该区域，物质的微观结构和性质与增强体不同，也与基体有区别，而另成一相或几相，常称界面相（interfacial phase 或 interphase）。确切的定义可以叙述如下：界相区是从与增强体内部性质不同的各个点开始，直到与基体内整体性质相一致的各个点之间组成的区域。界相区的宽度可能从几十纳米到 $1~\mu m$，甚至几十微米。界面区物质的微观结构和性质主要取决于基体和增强体的结构和性质、增强体的表面处理以及复合材料的制备工艺等。

在复合材料制备过程中给定的热学、化学和力学条件下，形成了结构和性质有别于基体和纤维的界面区。从基体和纤维材料向界面区的过渡可能是连续变化的，也可能是不连续变化的。因此，它们之间可能不存在确切的分界，也可能有局部的确切边界。

2）界面（相）的作用

一般来说，界面（相）的作用是将增强体与基体材料黏结在一起形成复合材料整体，并将承担的载荷从基体传递到增强体；纤维对复合材料强度和韧性影响较大；界面对复合材料在潮湿和腐蚀环境中的反应往往起决定性作用。在有些情况下,偏转基体中裂纹的传播方向也是界面的主要作用。

对以性能增强为目标的复合材料,人们寻求各种方法和技术增强纤维与基体之间的结合,以便界面能有效地传递应力。高界面强度,包括界面剪切强度和横向拉伸强度,被认为是获得高性能复合材料的必要条件。这对于高性能纤维增强树脂基复合材料大多是合理的。最常用的方法是纤维表面处理,赋予纤维表面新的化学或者物理性质,以便与基体材料形成更牢固的结合。例如,对玻璃纤维的交联剂处理使得纤维表面与基体之间通过交联剂发生化学反应,形成强界面结合。碳纤维的表面处理,例如氧化处理、等离子蚀刻和等离子聚合物表面涂布等,改善了纤维表面的化学和物理性质,能显著地增强碳纤维与聚合物间的界面结合。对高性能聚合物纤维,则常用化学蚀刻、化学接枝、等离子处理和交联剂等技术改善表面化学活性和物理性质,以达到与聚合物基体的强界面结合。界面强结合的另一个作用是在复合材料使用过程中,对恶劣环境(载荷、温度和湿度等工作条件)有强抵御性能。

另一类复合材料增强剂的加入主要是为了改善材料的韧性。此时,要求复合材料的界面有弱结合,由于低界面结合强度产生的纤维/基体弱结合,偏转裂纹传播方向和纤维拉出等现象增强了纤维的韧性。界面结合强度对复合材料破坏过程和结果所引起的作用可用图7-21进行说明。

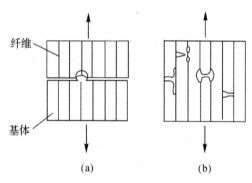

图7-21　复合材料界面结合的断裂情况
(a)强界面;(b)弱界面

由图7-21可见,强界面结合不允许在破坏过程中有额外的能量消耗,亦即具有强界面结合的复合材料断裂过程是一种低能量断裂过程。在这种情况下,如果纤维的模量并不显著高于基体,那么材料并无任何增韧效果。但如果是弱结合,界面将起到阻滞裂纹传播的作用。由于弱结合的产生,裂纹转向与其原始方向相垂直的方向传播。此时,产生与原有裂纹相垂直的二次裂缝(亦即沿界面的裂缝),并消耗了额外的能量,总的断裂能增加了,材料获得了增韧。

为了获得弱结合的界面,必须避免纤维/基体间界面的化学反应或减弱反应的程度。常用的方法是在制备复合材料之前,在纤维表面涂布一层覆盖物,进而有效地控制复合材料界面的力学性能,例如强度和韧性。

复合材料的性能取决于所选用的基体和增强体材料的性质,以及制备过程中形成的界面。对于特定的基体和增强体系统,界面的结构和性质是影响复合材料性能的决定性因素。

7.4.2　界面结合理论

复合材料中纤维与基体材料的界面结合(bonding)或界面黏结(adhesive)来源于两种组成物相接触表面之间的化学结合或物理结合或兼而有之。界面结合理论包括浸润-吸附理论、扩散理论、静电理论、机械锁合理论、化学键理论、化学基团连接以及化学反应形成新的化合物等。

1)浸润-吸附理论

浸润-吸附理论的实质是以表面自由能为基础的吸附理论,它认为黏结性能取决于纤维的浸润性能。纤维的浸润性能好,被黏结纤维和树脂分子之间紧密接触而发生吸附,则在界面黏结处形成较强分子间作用力,同时排除了纤维表面所吸附的气体,减小了黏结界面的空隙率,从而提高了界面的黏结强度。因此人们常把纤维的浸润性作为预测和分析复合材料黏结效果的一个重要指标。

纤维与树脂基体之间是否能完全浸润以及浸润的效果如何,这一系列过程取决于浸润热力学和动力学过程。液体在固体表面的浸润的过程涉及气、液、固三个相界面的变化,当液滴在固体表面达到平衡后,将在固体的表面形成气-液、气-固、液-固的三相平衡,如图 7-22 所示。

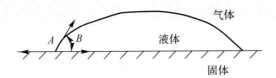

图 7-22　液滴在固体表面平衡态

在二相相互接触的 A 点,该平衡方程可用杨氏方程进行描述:

$$\gamma_{SV} - \gamma_{SL} = \gamma_{LV}\cos\theta \tag{7-14}$$

式中:γ_{SV}、γ_{SL} 和 γ_{LV}——固体-气体、固体-液体和液体-气体界面的表面自由能;

　　　　θ——接触角,接触角大于 $90°$的液体称为不润湿的,而小于 $90°$的液体称为润湿的。

若液体不形成液滴,亦即 $\theta = 0°$,则液体铺展在固体表面上,式(7-14)无效。此时,下列不等式成立:

$$\gamma_{SV} - \gamma_{SL} > \gamma_{LV} \tag{7-15}$$

固体(相当于复合材料中的增强体)的表面自由能 γ_{SV} 必须大于液体(相当于基体)的表面自由能 γ_{LV},才能发生适当的润湿。

纤维浸润性能可以用纤维与溶液之间的热力学黏结功 W_A 来表示。黏结功是将结合在一起的两相分离成独立的两相所做的功。对固-液界面来说,黏结功为

$$W_A = W_{SL} = \gamma_S + \gamma_L - \gamma_{SL} \tag{7-16}$$

考虑到与气相平衡,则

$$W_A = W_{SL} = \gamma_{SV} + \gamma_{LV} - \gamma_{SL} \tag{7-17}$$

结合式(7-14),得

$$W_A = \gamma_{LV}(1 + \cos\theta) \qquad (7-18)$$

W_A 的大小直接反映了液体对固体润湿的难易程度。这亦即黏结功越大,相互作用越强。液体表面能 γ_{LV} 和接触角 θ 的大小可通过实验测定。

由式(7-14)～式(7-18)可知,纤维的浸润性能与接触角密切相关,当纤维与溶液之间的接触角比较小时,树脂容易在纤维表面发生润湿,可减少复合材料的界面缺陷,提高其力学性能。

2)扩散理论

这种物理理论结合是指复合材料中增强体和基体的原子或分子越过两种组成物的边界,相互扩散而形成的界面结合。图7-23显示了相互扩散的两种主要方式。

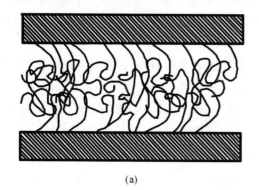 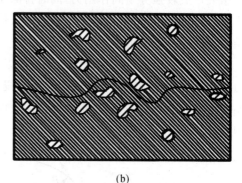

(a)   (b)

图7-23　扩散引起的界面结合

(a)大分子相互缠绕;(b)元素的相互扩散

图7-23(a)所示的情况可能发生在聚合物基体复合材料中,大分子通过边界伸入对方区域并发生分子的相互缠结。结合强度决定于扩散的分子数量、发生缠结的分子数和分子间的结合强度。溶剂的存在可能会促进相互扩散。扩散的数量与分子构型、所包含的组分以及分子的流动性能密切相关。这种结合机理形成的界面常有确定的宽度,有一个可测定的界面区域或界相区。在聚合物基复合材料中,与基体材料相比,界相要软得多。例如,在单纤维与环氧树脂之间形成的厚度约为 500 nm 的界相,其平均模量可能约为基体模量的1/4。然而,刚性纤维能减弱软界相的影响,增大界相的有效模量,使其在纤维附近超过纤维的模量。

另一种相互扩散的情景如图7-23(b)所示。这是元素的相互扩散,常常发生在金属基和陶瓷基复合材料中,相互扩散促进了界面区元素之间的反应。对金属基复合材料,这种情况可能并不有利,因为常常会形成不希望出现的化合物。

3)静电理论

复合材料增强体与基体在界面上静电荷符号的不同,引起的相互吸引力也是界面结合的一种方式。静电引力引起的界面结合示意图如图7-24所示。

由静电引力引起的界面强度决定于电荷密度。在纤维表面用交联剂处理后,静电引力对界面结合增强发挥了重要作用。

4）机械锁合理论

界面的机械锁合是由于增强体和基体表面不平滑而产生的，如图 7-25 所示。碳纤维表面的氧化处理使其表面产生大量的凹陷或凸起以及褶皱，并增大了表面积。基体与增强材料之间不发生化学反应，纯粹靠机械连接，即靠纤维的粗糙表面与基体产生摩擦力而实现的。由此产生的机械锁合是碳纤维/聚合物基体复合材料重要的界面结合机理。这种类型界面的强度一般在横向拉伸时并不高，但其纵向剪切强度可能达到很高的值，取决于表面的粗糙程度。

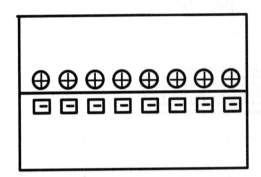

图 7-24　静电吸引的界面结合

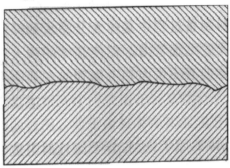

图 7-25　界面的机械锁合

5）化学键理论

化学键理论是目前应用最广泛的理论之一，该理论认为界面处树脂基体中的官能团能与增强纤维表面的官能团发生化学反应，形成共价键结合的界面区，如能满足这一条件即可获得较强的界面黏结，如图 7-26(a)所示。例如，在玻璃纤维/环氧树脂复合材料的制备过程中，硅烷交联剂水溶液中的硅烷基团与玻璃纤维表面的羟基团发生反应，而其另一端的基团（乙烯基）则与基体中的环氧基团发生反应，从而形成了纤维与基体之间的有效结合。这种化学反应结合理论，可解释碳纤维的表面氧化处理显著地促进了碳纤维与许多不同聚合物树脂的有效界面结合。

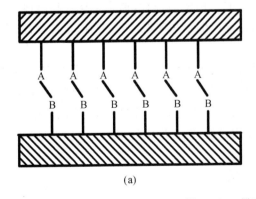

(a)

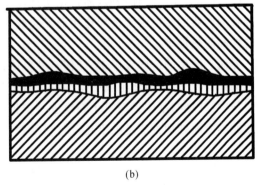

(b)

图 7-26　界面化学键理论机理

(a)增强体表面基团 A 与基体表面 B 之间的化学反应；(b)形成新化合物的化学反应

碳纳米管/聚合物复合材料也有类似的界面结合方式，将聚合物大分子链连接于碳纳米管的外壁。例如,在制备多壁碳纳米管/聚碳酸酯复合材料时,首先对纳米管表面进行环氧化改性,随后使其与羟基端环氧化物分子发生反应。这些功能基团最后与聚碳酸酯基体的分子链起反应,使聚碳酸酯链被束缚于碳纳米管的外壁。经过表面处理的碳纳米管表面连接了聚合物大分子,其界面区束缚分子示意图如图 7-27 所示。

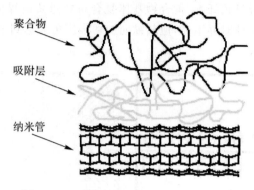

图 7-27 碳纳米管表面的束缚分子示意图

7.4.3 界面效应

界面是复合材料的特征,可将界面的机能归纳为以下几种效应:

(1)传递效应。界面能传递力,即将外力传递给增强物,起到基体和增强物之间的桥梁作用。

(2)阻断效应。结合适当的界面有阻止裂纹扩展、中断材料破坏、减缓应力集中的作用。

(3)不连续效应。在界面上产生物理性能的不连续性和界面摩擦出现的现象,如抗电性电感应性、磁性、耐热性、尺寸稳定性等。

(4)散射和吸收效应。光波、声波、热弹性波、冲击波等在界面产生散射和吸收,如透光性、隔热性、隔声性、耐机械冲击及耐热冲击性等。

(5)诱导效应。一种物质(通常是增强体)的表面结构使另一种(通常是聚合物基体)与之接触的物质的结构由于诱导作用而发生改变,由此产生一些现象,如强弹性、低膨胀性、耐冲击性和耐热性等。

界面上产生的这些效应,是任何一种单体材料所没有的特性,它对复合材料具有重要作用。例如:粒子弥散强化金属中微型粒子阻止晶格位错,从而提高复合材料强度;在纤维增强塑料中,纤维与基体界面阻止裂纹进一步扩展;等等。因此在复合材料中,界面和改善界面性能的表面处理方法是关于复合材料是否有使用价值、能否推广应用的一个重要问题。

习   题

1. 简述复合材料的基本特点及其决定因素。

2. 航空产品要求高纤维体积分数的原因是什么?高纤维体积分数必然导致纤维间距较小,进而带来的问题是什么?

3. 简述树脂基复合材料的分类及其基本特征,并简单描述两者的最大区别。

4. 什么叫树脂黏度? 简述树脂黏度对树脂流动性能的影响。

5. 简述热固性树脂固化反应的两种形式,并简述两种固化反应的特点。

6. 简述公式 $\dfrac{\delta_f}{d} = \left(\sqrt{\dfrac{V_a}{V_f}} - 1 \right)$ 的物理含义,并简述高纤维体积分数产生的两个重要结果。

7. 分析比较热固性树脂和热塑性树脂工艺过程,并比较两种树脂的优缺点。

8. 简述复合材料的基本构成相及其主要功能。

9. 简述复合材料界面的主要形成方式。

10. 简述复合材料界面的基本概念及界相区的主要特征。

11. 简述界面效应。

12. 简述复合材料压实过程中树脂和纤维所受压力的变化行为。

13. 什么是浸润? 如何描述浸润程度的大小? 试讨论影响接触角大小的因素。

14. 分析图 7 - 9 所示热固性树脂的黏度变化规律,并简单说明固化制度。

15. 分析图 7 - 10 所示热塑性树脂基复合材料的加工工艺过程。

第8章 复合材料预加工技术

树脂基复合材料成型通常采用两种方法,即一步法和二步法。一步法是由原材料直接形成复合材料,通常需要先制备预制体。二步法则是对原材料进行预加工,使之形成半成品,然后再由半成品成型复合材料制件。将原材料经过一定的加工制成干态或半干态半成品材料的过程称为半成品工艺,一般是得到各种形式的预浸料。半成品是生产过程中的一种中间材料,按处理方法不同可将中间材料分为预浸料和稠化料两类。树脂基复合材料制品的生产流程如图 8-1 所示。

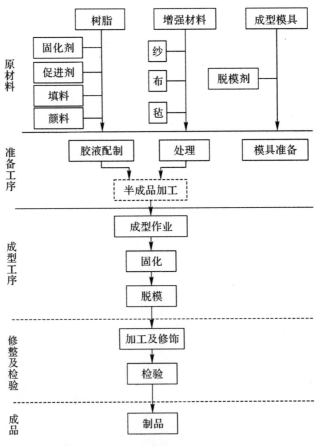

图 8-1 树脂基复合材料制品的生产流程

8.1　预浸料制备技术

8.1.1　预浸料的特点

预浸料是纤维(连续单向纤维、织物等)浸渍树脂体系后经烘干或预聚的一种中间材料,是真空袋、模压、热压罐等成型工艺常采用的半成品,其品种、规格很多。预浸料按照纤维排布形式可分为单向预浸料、织物预浸料;按基体特性可分为热固性树脂预浸料和热塑性树脂预浸料;按制备方法可分为溶液法预浸料、热熔法预浸料及粉末法预浸料等;按固化温度不同可分为中温固化(120 ℃)预浸料、高温固化(180 ℃)预浸料以及固化温度超过 200 ℃的预浸料等。

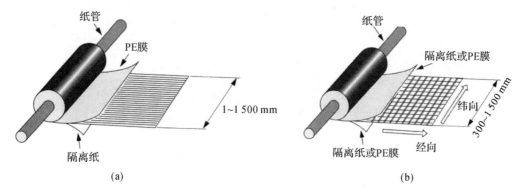

图 8-2　纤维预浸料形式
(a)单向预浸料;(b)织物预浸料
注:PE 为聚乙烯。

离型纸使用较多的是单向预浸料和织物预浸料,如图 8-2 所示。通常在预浸料表面覆盖一层隔离纸,其作用主要是防止预浸料被污染及单向预浸料横向开裂,并为下料时裁剪划线提供方便。预浸料的技术指标主要有厚度、树脂含量、挥发物含量、树脂流动性和适用期等。

采用预浸料制造复合材料的优点如下:

(1)复合材料制品制造厂可直接向专业厂购买预浸料,使得制造工序简化。

(2)预浸料中树脂分布较均匀,易于严格控制复合材料中树脂的含量,保证复合材料制件的质量。

(3)预浸料的制造可实现机械化、自动化,操作者无须与树脂混合物直接接触。

(4)采用预浸料便于利用切割机、铺叠机进行剪裁和铺叠,有利于生产效率和质量的提高。

(5)采用预浸料适于制造尺寸大、形状不规则、壁厚不均匀的复合材料制件。

一般预浸料成型复合材料制品时,所需压力不高,特别适合于各种袋压成型,也可用于纤维缠绕和拉挤成型。预浸料尤其是单向纤维预浸料的突出优点在于:它可按复合材料制件的力学、物理及化学性能要求进行铺层设计,调整复合材料增强纤维的角度、单层厚度和层数等,充分展示树脂基复合材料的可设计性。因此,碳纤维以预浸料的形式用于复合材料仍是主流。复合材料的应用如图8-3所示。

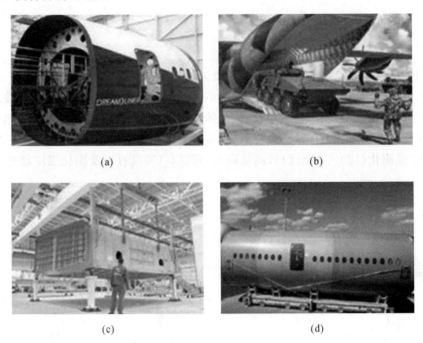

(a)   (b)

(c)   (d)

图8-3 复合材料的应用

(a)B787复合材料机身;(b)A400M舱门;(c)A380复合材料中央翼盒;(d)A350复合材料机身

在预浸料的制造过程中,根据浸渍树脂的状态,可分为溶液浸渍法和热熔浸渍法。溶液浸渍法又称为湿法,热熔浸渍法也称干法。

8.1.2 溶液浸渍法

预浸料湿法制造工艺又分为辊筒缠绕法和连续排铺法。

1.辊筒缠绕法

辊筒缠绕法是一种间歇性的生产方法,设备简单,生产效率低,批量小,适合于实验室或小批量生产。

图8-4为辊筒式预浸机的结构示意图,其基本工作原理为:通过一系列变速机构来调节辊筒转动和导丝辊沿丝杠横向移动的速度比,使辊筒每转动一周导丝辊连续地横向移动一个纤维间距。在操作中,首先开始在缠绕前辊筒上平整地铺上一层脱模纸,然后将纤维从纱架上引出,通过胶模和导丝辊固定在辊筒上。当辊筒不断转动时,浸胶之后的丝束就以固定的间距平行地缠绕在滚筒上,最后沿辊筒母线将纤维切断展开。将预浸料晾干后,用薄膜覆盖待用。辊筒缠绕法应控制的工艺参数包括纤维状态、胶液浓度、牵引速度和纤维张力等。

纤维状态包括丝束的单丝根数、总纤度、捻度等,这些都会影响树脂对纤维的浸渍程度和预浸料的最终含胶量。

对预浸料的树脂含量影响最严重的是胶液浓度。在其他条件不变的情况下,胶液的浓度与预浸料的含胶量呈近似直线关系,通过测量和调节密度来掌握和控制胶液浓度。表 8-1 是环氧酚醛(6∶4)胶液浓度与预浸料含胶量之间的关系。在缠绕过程中,胶槽是开放式的,胶槽中溶剂的挥发将引起胶液浓度的变化,因此应及时调节胶液浓度并保持胶槽液位的恒定。

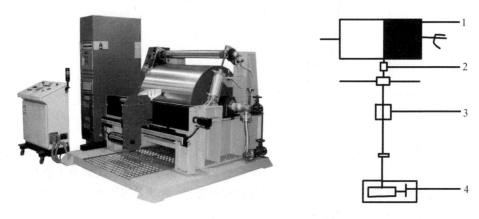

图 8-4　辊筒式预浸机的结构示意图

1—辊筒;2—导丝辊;3—胶槽;4—纱筒

表 8-1　环氧酚醛(6∶4)胶液浓度与预浸料含胶量之间的关系

胶液浓度/(g·mL⁻¹)	含胶量/(%)
0.99	37~38
0.98	26~30

牵引速度即辊筒转动速度较高时,纤维通过胶槽的浸渍时间较短,纤维可能不被充分浸渍,这时预浸料的含胶量较低;而当转速较低时,纤维得到充分浸渍,预浸料含胶量提高,但这会影响预浸料的生产效率。

纤维张力也会影响预浸料的含胶量。当张力较大时,浸胶丝束与导辊和导丝辊之间作用力较大,这样导辊和导丝辊就会从丝束上刮下更多的胶液,使预浸料含胶量较低。另外,纤维张力的大小还会影响预浸料的外观。例如,张力过大和脱模纸不平会使预浸料出现缝隙。

2. 连续排铺法

连续排铺法是一种湿法连续制造预浸料的方法,它的生产效率高,适于大规模生产预浸料。图 8-5 所示是湿法连续制造预浸料的主要工艺流程。其基本过程是:若干丝束从纱架上整经分丝后,整齐地进入装有胶液的浸渍槽,经挤胶、烘干、垫铺隔离纸和压实,最后收卷,即成为成卷的连续预浸料产品。胶液浓度、黏度、浸渍时间、牵引速度、丝束张力、挤压辊间隙等都会影响预浸料的质量。

胶液浓度、浸渍时间和牵引速度对浸渍过程和预浸料质量的影响与辊筒法相似,它们是影响树脂对纤维浸渍质量的重要因素。

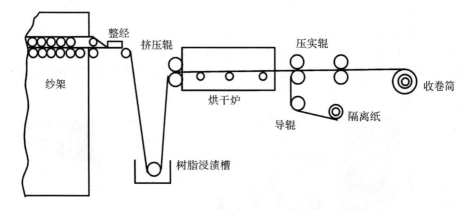

图 8-5　湿法连续制造预浸料的主要工艺流程

胶液的黏度直接影响到胶液对纤维的浸透能力和预浸料表面胶层的厚度。胶液黏度越大,纤维越不容易浸透,但胶液越容易挂在纤维的表面。由于黏度在线测量不方便,实际生产中通常通过控制胶液的密度和温度来控制胶液的黏度,因此要求生产环境温度恒定,以避免温度对预浸料质量稳定性的影响。

丝束张力不仅影响预浸料的含胶量,而且影响预浸料的外观,如果各丝束的张力分布不均匀,就会使预浸料一部分松,一部分紧,使预浸料表面不平整。该工艺中的挤压辊是控制预浸料含胶量的关键部件,挤压辊将丝束从胶槽中带出的多余胶液挤出。挤压辊的间隙根据预浸料含胶量的要求设定,挤压辊间隙越大,预浸料的含胶量越高。

另外,烘干炉的温度及预浸料在烘干炉中的停留时间对预浸料的质量也有重要影响。烘干的目的主要是去除预浸料中的挥发成分并使树脂初步固化(调节预浸料的活性)。烘干温度过高或者时间过长,会降低预浸料的活性并影响树脂在固化过程中的流动性;烘干温度低或时间短,会造成预浸料挥发成分含量高,直接造成制件孔隙率增大,质量下降。

织物预浸料的制造过程与单向湿法连续制造预浸料的工艺基本相同,只是不再需要挂放大量纱筒的集束架,而是用一个能支撑卷织物的装置代替。

8.1.3　热熔浸渍法

溶液浸渍法很难制备挥发成分含量很低的预浸料,而热熔浸渍法不使用溶剂,能够制造挥发成分含量很低的预浸料,因此采用热熔法制备的预浸料制造的复合材料制件的孔隙率小,力学性能好,而且由于无溶剂,降低了对环境的污染和对人体的危害,并降低了溶剂的成本。采用热熔浸渍制造的预浸料的外观更好,挥发物含量小,单位面积纤维重量及树脂含量控制精度高。表 8-2 是采用湿法和热熔法制造的 5228/T800 预浸料性能比较。

表 8-2　采用湿法和热熔法制造的 5228/T800 预浸料性能比较

性　能	湿法 5228/T800 预浸料	干法 5228/T800 预浸料
单位面积纤维质量	131～141	137～139
含胶量/(%)	35～40	35～38

续　表

性　能	湿法 5228/T800 预浸料	干法 5228/T800 预浸料
挥发物含量/(%)	<1.7	0.05
黏性	合格	合格
室温储存期/周	3	3
尺寸	4.2 m×0.7 m	连续

热熔浸渍法制造预浸料分为熔融直接浸渍法和胶膜法。

1.熔融直接浸渍法

熔融直接浸渍法是将纤维或织物直接浸在熔融成液体的树脂中制造预浸料,如图 8-6 所示。

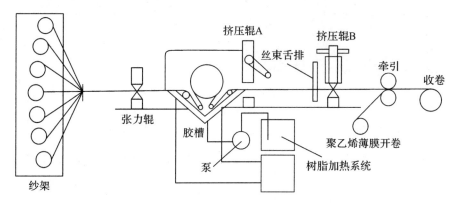

图 8-6　熔融直接浸渍法

2.胶膜法

由于胶膜法的工艺特殊性,并非所有的树脂都能满足这种工艺的要求。采用胶膜制备预浸料的树脂必须满足以下三个基本要求:①能在成膜温度下形成稳定的胶膜;②具有一定的胶黏性,以便于预浸料的铺贴;③熔融时的最低黏度不能太高,以便树脂浸渍纤维。

热熔胶预浸机以及工艺原理如图 8-7 所示。其工艺过程为:调节刮刀与隔离纸之间的间隙以满足预浸料树脂含量的要求,机器开动后,通过牵引辊使隔离纸和纤维一起移动;上下纸上的胶膜将纤维夹在中间,通过压辊将熔融的树脂挤压进纤维中浸渍纤维,预浸料通过夹辊压实后,经过冷却板降温,最后收起上隔离纸,将成品预浸料收卷存放。

热熔胶膜法制造预浸料工艺由四个基本的操作单元组成:①均匀稳定的树脂膜制备;②树脂熔融浸渍纤维;③预浸料冷却;④预浸料收卷。

树脂膜的制备是热熔预浸工艺的第一步,也是最关键的一步,成膜温度是控制成膜状况的重要因素。对于一个能成膜的树脂体系:当成膜温度较低时,树脂不易流动,难以制成较薄的均匀胶膜;而当成膜温度太高时,树脂黏度大大降低,树脂离开热源后不能将热量很快散去,导致树脂在可以流动的状态下收缩,制出的胶膜厚薄不匀,这样就无法保证预浸料树脂含量的均匀性。在设备的浸渍区,温度、压力及牵引度都会影响预浸料的质量,温度控制着树脂的黏度,在浸渍过程中,必须使树脂达到足够高的温度(即达到足够低的黏度),以便能使树脂充分浸渍纤维。压辊的压力虽然有助于树脂浸渍纤维,但是纤维在受压过程中受到剪切力,使纤维所受的张力不匀,这会导致制成的预浸料中的纤维发生弯曲。因此,在保证树脂充分浸润纤维的前提下压辊的压力越小越好。牵引速度实际上控制着预浸料在浸渍区的停留时间,时间越长,树脂对纤维的浸润越充分。预浸料进入冷却区,降低温度使树脂黏度增大而使成型的预浸料不会因为树脂的流动而形成增强纤维松弛弯曲。同时,降低温度防止了树脂化学反应的进行。

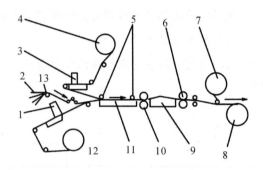

图 8-7　热熔胶预浸机以及工艺原理

1—下刮刀;2—纤维;3—上刮刀;4—顶纸放卷;5—压辊;6—牵引辊;7—顶纸收卷;
8—产品收卷;9—冷却板;10—夹辊;11—加热板;12—底纸放卷;13—分丝器

在热熔胶膜法工艺中,单位面积纤维质量由起整经排纱作用的分丝器控制,而树脂含量主要由上、下刮刀和隔离纸之间的间距决定。

采用织物为增强体制造热熔预浸料时,除不需要排纱整经外,其基本工艺过程和单向纤维预浸料的制造基本相同。

8.2　模制混合料制备技术

模制混合料即短切纤维预浸料,通常用于模压工艺,故称之为模塑料。模塑料由树脂浸渍短切纤维经过烘干制成。

用模塑料制备复合材料的优点是:操作简便,易于实现机械化、自动化;成型工艺好,适于制造变厚度、带孔洞、凸台、筋条和螺纹等的制品;成型过程中无纤维和大量溶剂散发,环境条件得到改善;制品表面光滑外观质量好;含大量廉价填料,成本低。

按其形态,模塑料可分为片状模塑料(SMC)和块状模塑料(BMC)。

8.2.1　SMC 的制造工艺

SMC 是将树脂混合物浸渍过的短切玻璃纤维或玻璃纤维毡包覆在上、下两面聚乙烯薄膜内的片状夹芯形式的模塑料。制备片状模塑料的树脂混合物又称树脂糊,它包含不饱和聚酯树脂体系、化学增稠剂、低收缩添加剂、填料、颜料、脱模剂等。使用 SMC 时,只需撕掉两面的聚乙烯薄膜,按制品相应尺寸裁切、叠层,然后放入模具中加温、加压固化,即得到需要的制品。

　　SMC 的制造工艺流程如图 8-8 所示,制造 SMC 的设备如图 8-9 所示。首先是混料制成树脂糊,将树脂和填料等组分预先充分混合,混合方法有批混合法和连续混合计量法两种。批混合法是将树脂和除增稠剂外的各组分依次搅拌混合,最后加入增稠剂,混合后经过计量即由混合泵输送到制片机组。采用连续混合计量法时,树脂糊分为 A、B 两部分,分别制备:A 组分含有树脂、引发剂和填料,B 组分含有惰性聚酯或其他载体、增稠剂和少量作悬浮体用的填料。对两组分分别计量后汇流于一个静态混合器内均匀混合,最后输送到制片机组。整个混合过程是连续进行的。

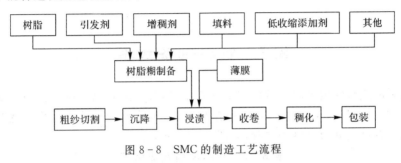

图 8-8　SMC 的制造工艺流程

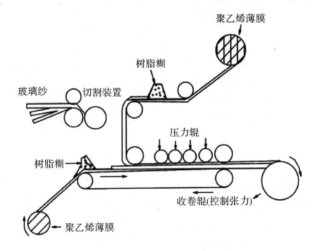

图 8-9　制造 SMC 设备示意

　　将树脂糊输送到上层和下层聚乙烯薄膜上并通过刮刀均匀刮平至一定厚度,然后用切割器将玻璃粗纱切短并均匀沉降在下层薄膜的树脂糊上,同时用有树脂糊的上层薄膜覆盖,再通过一系列压力辊使树脂浸透纤维并驱赶出其中的气泡,同时将片材压紧成均一厚度,最后收卷。收卷后的 SMC 需要放置 1~2 周,使黏度达到稳定且适于模压的范围后方可使用。为了提高 SMC 生产效率,可在制片机上增设稠化区或采用新型高效增稠剂,使片模塑料一经制成便可使用。

8.2.2　BMC 的制造工艺

　　BMC 的前身是团状模塑料(DMC),国外将它们统称作预混料。BMC 采用不饱和聚酯树脂作基体,在预混料中加入大约 60% 的填料,纤维短(6.4~12.7 mm),纤维含量变化范围宽

（5％～50％）。改变树脂、纤维、填料的配比及填料品种，可获得各种不同性能的 BMC 模塑料。
BMC 和 SMC 在组分上差别不大，只是 BMC 的纤维含量和纤维长度比 SMC 小，而且在制造 BMC 时纤维损伤严重，故其制品的力学性能要比 SMC 低。

BMC 的制造工艺流程如图 8 - 10 所示。

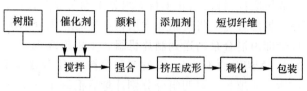

图 8 - 10　BMC 的制造工艺流程

8.3　粒料制备技术

纤维增强的热塑性模塑料通常以粒状形式提供，粒料适宜高效率的注射模成型。制造热塑性粒料的方法很多（见表 8 - 3），可根据树脂、纤维的形态和性能等加以选择。热塑性粒料一般有长纤维型和短纤维型之分，如图 8 - 11 所示。

表 8 - 3　粒料制造方法比较

内容	制造方法	工艺路线	优点	缺点
短纤维粒料制造法	短切纤维单螺杆挤出法	将树脂与短切纤维按比例混合加入挤出机中，加热树脂与短切纤维成均匀的熔融混合物，通过模具挤出造粒	纤维和树脂混合均匀，可供柱塞式注射机成型	①纤维强度损失严重；②严重磨损设备；③生产率低；④劳动条件差
	单螺杆排气式挤出机造粒法	将短纤维型粒料加入单螺杆排气式挤出机中加热熔融，随后通过模具挤出造粒并进行冷却固化。若物料低分子挥发物少，可使用普通挤出机	①连续化生产；②粒料外观较好，质地致密；③劳动条件好	树脂可能发生部分老化，粒料外观没有双螺旋杆排气式挤出机好
	双螺杆排气式挤出法	树脂由加料口与连续玻璃纤维由进口直接按比例自动加进挤出机，通过加热熔融、混炼分散、排气脱水，最终通过模具挤出造粒	①连续化大规模生产；②拥有较高的挤出能力与更好的混炼效果；③劳动条件好；④可实现较高的造粒质量和均匀度	①对设备要求比较高；②噪声很大
	混合法	纤维和树脂预先在混合器内混合后再送入挤出机进一步塑炼，最后挤出造粒	物料混合均匀，外观质量好	间歇生产，纤维损伤较大

续 表

内容	制造方法	工艺路线	优点	缺点
长纤维粒料制造法	电缆式包覆法	玻璃粗纱通过十字形挤出机头时被熔融树脂包覆,经冷却牵引切粒而成	①连续生产;②效率高;③粒料质量高;④劳动条件好	粒料不宜在柱塞式注射机内成型
	普通反应法	单体与纤维同时由管道口加入,通过管道聚合反应,出料口即得到增强料条(如尼龙)	①工艺简单;②连续生产	①聚合物质量好;②强度较差
	聚合物包覆法	在聚合物出料口安装包覆机头,待聚合物出料时将纤维包覆	①减少了树脂老化次数;②简化工艺	减慢了出料速度,因而降低了聚合物产量

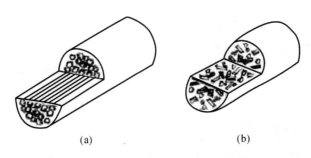

图 8-11　长纤维粒料(a)和短纤维粒料(b)

8.3.1　长纤维粒料制造工艺

长纤维粒料是包覆式的,即增强纤维被包覆于树脂之中,类似导线。长纤维粒料的工艺流程如图 8-12 所示。对于长纤维粒料,由于树脂包覆性差,纤维分布不均匀,粒料硬度不高,因此在注射成型时,依靠螺杆的混合作用才能使纤维均匀地散布于树脂之中。

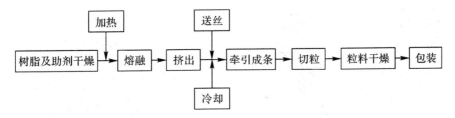

图 8-12　长纤维粒料的工艺流程

8.3.2　短纤维粒料制造工艺

短纤维粒料是混杂式的,是将短切纤维和树脂混合,再挤出造粒,其工艺流程如图 8-

13 所示。

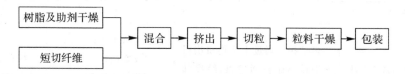

图 8-13　短纤维粒料的工艺流程

短纤维粒料具有较好的成型加工性和表面平滑性,用柱塞式和螺杆式注射成型机均可成型。由于短纤维型粒料的加工流动性较好,因此适于制造薄壁和形状复杂的产品。

8.4　预制体制造技术

平面纤维集合体主要包括机织织物、针织织物、编织织物和非织造织物四种。机织织物由纱线相互交织而成,按照平面内的取向划分为双轴向和三轴向两种结构。针织织物是一种套圈结构,针织套圈的形成通过在机器横向或纵向引入纱线予以实现。编织织物是将三组或三组以上的纱线通过相互缠绕形成的平面或管状织物。纱线斜向交织的特点使织物具有很好的成型性、抗剪切变形能力和冲击损伤容限。非织造织物是以化学、物理、机械方法或同时使用上述方法将纤维与纤维结合起来而形成的织物集合体。平面纤维集合体的基本形式如图 8-14 所示。

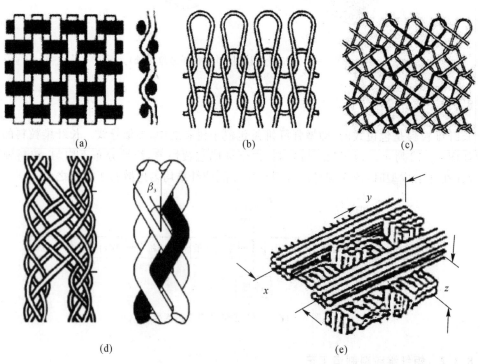

图 8-14　平面纤维集合体的基本形式
(a)机织织物;(b)横向针织织物;(c)纵向针织织物;(d)编织织物;(e)正交非机织织物

复合材料预制体的制造技术主要有以下几种。

8.4.1　缝合技术

缝合织物增强复合材料是采用高性能纤维和工业用缝合机将多层二维纤维织物缝合在一起,经复合固化而成的纺织复合材料。它通过引用贯穿厚度方向的纤维来提高抗分层能力,增强层间强度、模量、抗剪切能力、抗冲击能力、抗疲劳能力等力学性能,从而满足结构件的性能需求。

大部分缝合复合材料结构的开发都是以美国国家航空航天局(NASA)为主进行的。其中著名的是利用缝合技术制造的复合材料机翼,该机翼采用了波音公司开发的 28 m 长的缝合机制造飞机机翼蒙皮复合材料预制体。该缝合机能够缝合超过 25 mm 厚的碳纤维层,缝合速度达 3 000 针/min。除了缝合蒙皮预制体外还可缝合加强筋。缝合完成后进行加热和加压。这样生产出的结构件相对于同样的铝合金零件,质量减小了 25%,成本降低了 20%。

欧洲利用缝合技术首先制造的零件是 A380 后机身压力隔框,该材料为干态碳纤维预制体,比黏性的预浸料较易处理。每片复合材料使用自动缝合机连接在一起,可靠性和可重复性好。整个过程自动化程度高,成本低且可靠。

缝合复合材料具有层间性能良好、成本低、效率高,且可设计等优点。缝合还可代替复合料传统的机械连接方法,从而提高整体性能。因此,其有望用于大型整体复杂结构件的制造,特别是可用于大型军用运输机的机体结构,以减轻质量和降低成本。该技术的关键是专用设备的研制以及缝合工艺。

8.4.2　穿刺技术

穿刺是复合材料结构三维加强的一种简单方法,在某些方面优于缝合技术,但是它不能用于制造预制体。穿刺技术,利用薄的削棒以正确的角度在固化前或固化时插入二维的碳纤维环氧复合材料层板中,从而获得三维增强复合材料结构。Z 向削棒可以是金属材料,也可采用非金属材料。削棒插入的方式有真空袋热压法和超声方法。

穿刺技术与缝合技术的出现和应用极大地改进了复合材料的断裂韧性,这意味着复合材料能够承受更高的冲击强度和剥离应力。穿刺技术比缝合技术更具发展潜力,主要是因为其节省了高成本的缝合机,尺寸不受限制,特别是能够进行局部结构的加强,因此是未来飞机机体应用的关键技术。

8.4.3　三维机织技术

该工艺目前已经广泛用于复合材料工业,主要用于生产单层、宽幅织物,作为复合材料的增强体。三维异形整体机织技术是国外 20 世纪 80 年代发展起来的高新纺织技术,它创造了一类新的复合材料结构形式。采用三维异形整体机织技术制造的复合材料制件具有整体性和力学合理性两大特点,是一种高级纺织复合材料。其突出特点是可纺织异形整体织物,如 T 形、U 形、工字形、十字形等型材和圆管,灵活的机织工艺还可以创造出许多新的复杂形状织物。国外还对三维机织技术在飞机和发动机的其他结构上进行了验证,如飞机的 T 形框、带加强筋的壁板、发动机安装架等。

8.4.4 编织技术

编织是一种基本的纺织工艺,能够使两条以上纱线在斜向或纵向互相交织形成整体结构的预制体。这种工艺通常能够制造出复杂形状的预制体,但其尺寸受设备和纱线尺寸的限制。该工艺技术一般分为两类,即二维编织工艺和三维编织工艺。

8.4.5 针织技术

针织用于复合材料的增强结构,其方向强度、冲击抗力较机织复合材料好,且针织物的线圈结构有很大的可伸长性,易于制造非承力的复杂形状构件。目前,国外已生产出先进的工业针织机,能够快速生产复杂的、近无余量结构,而且材料浪费少。用这种方法制造的预制体可以加入定向纤维,有选择地用于增强某些结构的力学性能。另外,这种线圈的针织结构在受到外力时很容易变形,因此适于在复合材料上制孔,比钻孔具有更大的优势。但是,较低的力学性能影响了它的广泛应用。

8.4.6 经编技术

经编技术是将针织技术与纤维铺放技术相结合,可制造多轴多层针织织物,一般称为经编织物。这种材料由于不弯曲,因此纤维能以最佳形式排列。经编技术可以获得厚的多层织物且按照期望确定纤维方向,由于不需要铺放更多的层数,所以可极大地提高经济效益。目前,国外市场上已经能够获得各种宽幅的玻璃和碳纤维经编织物。这种预制体有两个优点:一是与其他纺织复合材料预制体相比,成本低;二是它有潜力超过传统的二维预浸料层压板,因为它的纤维是直的,所以能够在厚度方向增强,从而提高材料的层间性能。该技术已经在飞机机翼桁条和机翼壁板上进行了验证,预计未来将在飞机制造中广泛应用。

8.4.7 层板及蜂窝夹层结构制造技术

纤维增强金属层板(FRML)是由金属薄板和纤维树脂预浸料交替铺放胶合而成的混杂复合材料(见图 8-15)。改变金属类型和厚度、纤维树脂预浸料系统、铺贴顺序、纤维方向、金属表面处理方法等可改变 FRML 的性能,以用于不同领域。现在 FRML 主要使用铝合金薄板。由于使用铝锂合金可提高 FRML 的比刚度,使用钛合金可大大提高 FRML 的耐温性,所以以铝锂合金或钛合金为基体的 FRML 也在研究中。FRML 中的纤维可以是玻璃纤维、芳纶纤维和碳纤维,它们各自与铝合金板组合后可构成三种性能不同的 FRML。

胶接蜂窝夹层结构也是一种特殊的结构用复合材料,它把蜂窝形状的夹心材料夹在两块面板之间并用胶黏剂黏结(见图 8-16)。因为其具有良好的比强度和比刚度,所以在未来的大型运输机及无人机等机体制造中具有广泛的应用前景。

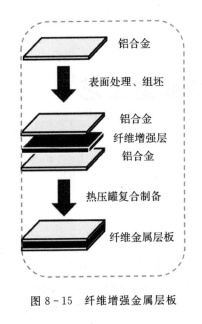

图 8-15　纤维增强金属层板

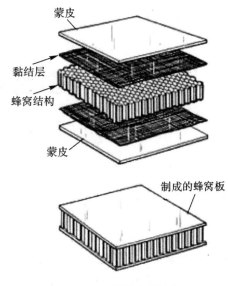

图 8-16　蜂窝夹层结构

习　　题

1. 什么是预浸料？其制备方法有哪些？
2. 简述平面纤维集合体的四种基本形式及其特点。
3. 简述模制混合料制备技术。
4. 简述粒料制备技术。
5. 简述层板及蜂窝夹层结构制造技术。

第9章 复合材料成型工艺

9.1 概　　述

复合材料的重要研究领域之一是其制造技术。由于制造成本、最佳组织结构等与基体及增强体特征、排列方式等相关,所以制造技术是复合材料中至关重要且为该领域研究者非常关注的研究内容。在复合材料的制造中,通常将最终制品的制造与复合材料的成型一起完成,因此,增强体的最佳排列与分布,不仅要考虑力学性能的要求,而且要满足使用者的要求。另外,必须选择最佳的制造工艺。复合材料不仅在性能方面有许多独到之处,其成型工艺与其他材料加工相比也有许多独特的特点,可总结如下:

(1)材料的形成与制品的成型常常是同时完成的。复合材料的生产过程同时也是复合材料制品的生产过程。

(2)在形成复合材料之前,增强体通常是纤维、织物或颗粒。在复合过程中,增强体表面与基体相黏结,并固定于基体中,其物理、化学状态及几何状态通常是不变化的,但会受到复合过程中机械作用及湿热效应的影响。与此有显著区别的是,基体材料在复合材料形成过程中要经历状态和性能的巨大变化。

(3)在增强体和基体之间的结合界面上,一般有润湿、溶解和化学反应发生,其界面结合情况对复合材料的性能有着极大的影响。

由于以上特点,对复合材料成型工艺有如下要求:

(1)能提供基体材料从原料状态到最终状态转化的合适条件,并实现与增强体的界面结合,不产生气泡,或能将所产生的气泡顺利排出,不致形成复合材料中的孔隙。

(2)增强体表面应能实现与基体的界面结合,并能按预定方向和层次排列,均匀地分布于基体材料中,形成致密的整体。在成型过程中,对增强体的机械损伤和湿热影响要减小到最低程度。

(3)成型工艺要能够为制品提供符合要求的尺寸、形状和表面质量。

复合材料成型的"三要素"如下:

(1)赋形:增强材料均匀或在特定的方向上排列。

(2)浸渍:将增强材料间的空气置换为基体树脂,形成良好的界面黏结和复合材料的低孔隙率。

(3)固化:热固性树脂发生交联的化学反应,形成三向网络基体材料;热塑性树脂则是冷

— 192 —

却、硬化、定型的过程。

　　本章主要论述热压罐成型工艺、液体成型工艺、拉挤成型工艺、缠绕成型工艺和其他成型工艺。

9.2　热压罐成型

　　热压罐成型工艺是目前广泛应用于先进复合材料层压板、蜂窝夹芯结构及金属或复合材料胶接结构的主要成型方法之一,制件可应用于航空航天领域的主承力和次承力结构。由热压罐成型工艺生产的复合材料占整个复合材料产量的50%以上,在航空航天领域占比高达80%以上。

9.2.1　热压罐

　　热压罐成型工艺中最重要的设备是热压罐。热压罐是一种普遍使用的通用系统,任何结构件只要能放入其中,它就能满足这些结构件的固化要求。

　　热压罐主要由罐门和罐体、加热系统、风机系统、冷却系统、压力系统、真空系统、控制系统、安全系统以及其他机械辅助设施等部分构成,其结构如图 9-1 所示。在复合材料制品的固化工序中,根据工艺技术要求,完成对制品的抽真空、加热、加压,达到制品固化的目的。

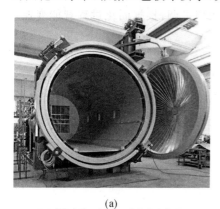

(a)

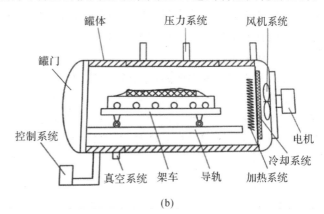

(b)

图 9-1　热压罐结构

1)罐门和罐体

　　热压罐罐门用于零件进出热压罐体,采用压制成型。罐门通常采用液压杆形式,由计算机进行控制开、关门操作,在发生紧急情况时可手动开门以保证人员和设备安全。罐门装耐高温密封圈、保温层护板和风道。

　　热压罐罐体内放置模具与零件,罐体应具有足够高的耐热性、保温性、耐压性和密封性。在最高使用温度下,罐体外表温度≤60 ℃。

　　热压罐罐体通常为圆筒形,采用钢板卷筒焊制,平卧在地基上。罐体内筒焊有底板,上置轨道和小车。将零件放置在小车上,小车在轨道上行驶,方便零件出入。轨道需安全可靠,能承受最大装载质量。加热与冷却装置安装在内、外筒之间。罐体内装有风机,使空气通过内、外筒涵道强制循环流动。此外,罐体内需布置热偶接口和真空接口。罐体内的有效尺寸至少能满足正在制造的最大尺寸复合材料结构件的要求。

2)加热系统

加热系统主要用于对罐内空气或其他介质的加热,再通过空气或其他加热介质对模具和零件进行加热。热压罐通常采用电或油的加热方式,加热元件的管道材质通常为耐高温、耐腐蚀材料,且要求有短路和漏电保护。

在风机系统的高速运转下,由加热介质将热量通过内外涵道首先传递到罐门,再向罐尾传递,然后加热介质再次受热,如此反复循环进行。加热方式主要是靠强迫对流换热将热量传递到制品上的,而热辐射的影响较小。另外,整个热压罐内的温度分布是罐门最高,向罐尾递减。因此,在模具结构设计方面要考虑温度场的均匀性,尽量保证模具厚度一致,并使围绕或穿过模具的热气流通量尽可能地大,在局部升温太快的地方加透气毡。

按制造结构件的最高工作温度要求,一般罐内各点的温差≤5 ℃,在装入模具固化的环境下,升温速率为1~8 ℃/min,并且可以调节。

3)风机系统

风机系统的作用是使热压罐内的空气或其他加热介质循环流动,便于温度的均匀分布,以及对模具与零件的均匀加热,罐内风速为1~3 m/s,噪声小于60 dB。热压罐通常采用内置式全密封通用电机,放置于热压罐罐体的尾部,用于热压罐内空气或其他加热介质的循环。风机必须能够有效冷却,且转速可通过计算机控制变频可调,根据固化过程智能变速,还应该配有电机超温自动保护和报警系统。

4)冷却系统

冷却系统通常分为两路:一路用于罐内空气的冷却;另一路用于风机等电机的冷却。冷却系统通常配备水冷却塔与水泵,进水口有过滤装置。冷却系统包括主冷和预冷,并可根据热压罐温度状态由计算机控制冷却过程。换热器最低点有排水装置,能将换热器内的余水排净。冷却方式采用循环水冷却,降温速度为0.5~6 ℃/min,并且可以调节。

5)压力系统

压力系统用于罐内压力的调节。采用充气加压方式,气体为N_2、CO_2和空气,最大工作压力按制造的结构件工艺要求确定。

压力系统主要分为空气压缩机、储气罐、压力控制和补偿系统以及压力排放管路消声装置等部分,并设有安全防爆和放气装置。压力消声应满足相关工业噪声规范和速率规范。压力由计算机根据工艺需要自动控制和补偿。

6)真空系统

真空系统主要是对零件进行抽真空,真空泵放置在罐体旁边与真空管路相连。复合材料固化时零件通常由真空袋和密封胶带密封在模具上,在零件固化前需要对真空袋和模具内的零件进行抽真空,防止在零件固化过程中进入空气。在热压罐内壁布置自动抽真空及真空测量管路,抽测分离,并能够自动切断。每条抽真空管路需配上一条通大气管路和树脂收集器。通大气功能可自动控制,树脂收集器用来收集冷凝液化的树脂。每条真空管路都配备有真空软管、快速接头、堵头、模具真空嘴。真空度由计算机根据工艺程序自动控制。工作中,当其中一根真空管出现漏气时,由计算机控制自动关闭这根真空管,避免影响其他管路的制件质量,其信息用数字和光柱显示。

7)控制系统

热压罐控制系统分为两部分:一部分是计算机控制系统,实现热压罐过程控制及互锁保护,具有数据采集、数字显示、存储、打印等功能;另一部分是触摸屏控制系统,具有热压罐的压力、真空、温度等的数据录入和显示,图像显示等功能。

控制系统的主要控制方式包括自动控制、手动控制和全自动控制三种。其中,自动控制采用计算机控制,手动控制采用触摸屏控制。手动控制应包含在计算机系统中,且配有计算机控制与手动控制的切换装置。

控制系统要求能够对热压罐的每一个元器件(包括所有的阀、电机、各类传感器以及热电偶)实现有效的监控。可单独对各种参数(温度、压力、真空、时间)进行快速设定和控制,对各种参数进行实时监测并实时记录和显示。在运行过程中,用户可以对参数进行修改,可选定任意热电偶作为控温的热电偶,可对每一个零件的实时工艺参数进行预设,根据预设质量标准形成质量检测报告,并进行存储和打印。

8)安全系统

热压罐的安全系统主要包含以下功能:

(1)应具有超温、超压、真空泄漏、风机故障、冷却水缺乏的自动报警、显示、控制功能。

(2)能够对温度、真空、压力、风机等的报警参数及保护极限参数进行设置:当运行的程序数据指标超出设置的温度或压力时立即报警;当达到所设定的保护极限参数时,整个系统针对该项报警应具有自动切断保护功能。

(3)罐内未恢复到常压时,罐门自锁紧。

(4)热压罐顶部安装安全阀,并在罐体明显位置配备符合测量范围的压力表,实时测量罐内压力,保证安全。

9)软件系统

热压罐操作软件主要具有以下特性:

(1)采用客户端/服务器模式,支持多客户端远程监控。

(2)能够实现预完整性检测,包括工件匹配检测、工件附件检测、真空检测、探测头读值检测和连接检测。检测结果能够记录、存储及形成报告打印。

(3)能够实现对设备温度、压力和真空等的全部控制。

(4)能够为操作人员、管理人员创建账户,为每个账户设定单独的允许/限制权限,并能够跟踪每个账户的登录历史记录。

(5)可生成存取数据的档案,实现数据和图形的显示及打印。

(6)当运行到所改定的保护极限参数时,整个系统针对该项报警应具有自动切断保护功能。

(7)计算机软件应具有热压罐运行总工况图,即温度、压力、真空、水冷、加热运行工况图。

(8)计算机系统配备网络通信接口,用于远程读取主控制室计算机的热压罐运行工况参数。

10)辅助设施

热压罐辅助设施主要包括罐内装料的小车、相应的托架、真空用金属软管、储气罐、空压机等,易损零件应有足够备份,特种工具齐全,应有全套图样、使用和维护说明书、操作规程等。

9.2.2 热压罐成型工艺

1.热压罐成型过程

热压罐成型工艺是利用热压罐内部的高温压缩气体产生压力对复合材料坯料进行加热、加压以完成固化成型的方法。

热压罐成型过程如图9-2所示。

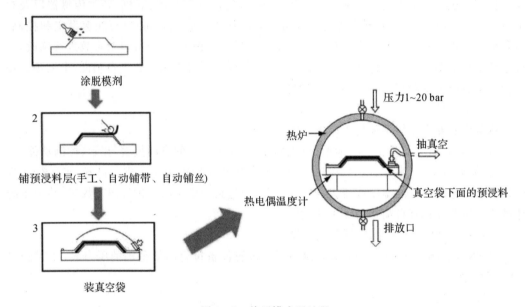

图9-2 热压罐成型过程

注:1 bar＝100 kPa。

航空航天用热固性复合材料制件的生产全过程大体包括以下工序。

(1)准备过程:包括工具和材料的准备。

(2)材料铺贴:包括裁切、铺层和压实。

(3)固化准备:包括模具清洗、坯件装袋以及在某些情况下坯件的转移等。

(4)固化:包括坯件流动压实过程和化学固化反应过程。

(5)检测:包括目测、超声或X射线无损检测。

(6)修整:通过刨机、高速水切割机或铣床修整。

(7)二次成型:该过程不是必需的,但适合用于复杂外形的零件。

(8)装配:包括测量、垫片、装配。通常采用机械装配,也可采用胶接装配。

综上所述,热固性复合材料的成型过程通常是相当复杂的。由于精确的成型过程及对零件的精密要求,上述八个步骤中每一步都有详细的子步骤。成型工序的复杂程度依赖于制件的复杂程度和成型工艺的精确程度,最多可达200步之多。其中在第(3)(4)(7)步工序中使用热压罐,在某些情形下第(8)步也使用热压罐。

2.热压罐材料铺贴技术

预浸料是复合材料热压罐成型的主要原材料,其组成和质量从根本上决定了复合材料制件的力学、物理、化学性能等。手工铺叠大的制件具有很大的灵活性,截至目前,许多航空用复合材料零件还是通过手工铺叠制造实现的,手工铺叠几乎可以制造任何外形的复合材料制件。为了降低构件的制造成本,随着自动化制造技术的发展,自动铺带技术、自动铺丝技术逐渐得到了推广应用。

1)手工铺叠技术

手工铺叠技术是指以手工作业为主成型复合材料制件的方法。该方法的最大特色是以手工操作为主,适用于多品种、小批量生产,且不受制品尺寸和形状的限制。但这种方法生产效率低,劳动条件差,且劳动强度大,制品质量不易控制,性能稳定性差,制品强度较其他方法低。

手工铺叠技术的具体工艺流程是:先在模具上涂一层脱模剂,然后将加入固化剂的树脂混合料均匀涂刷一层,再将纤维增强织物(按要求的尺寸剪裁好)直接铺设在胶层上,用刮刀、毛刷或压辊迫使胶液均匀地浸入织物,并排除气泡,待增强材料被树脂胶液完全浸透之后,再涂刷树脂混合液,然后铺贴纤维织物,重复以上步骤直至完成制件,最后在热压罐里固化,脱模,修正、打磨飞边毛刺。手工铺叠工艺流程如图9-3所示。

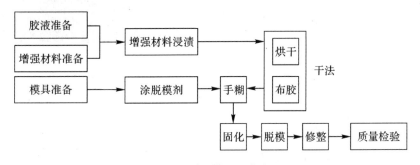

图 9-3　手工铺叠工艺流程

2)自动铺带技术

自动铺带技术是采用数控铺层设备,通过数字化、自动化的手段实现复合材料预浸布、带的连续自动铺放和自动切割。其主要工作过程:将复合材料预浸料卷安装在铺放头中,预浸材料由一组滚轮导出,并由压紧滚轮或可随形机构压紧在工装或上一层已铺好的材料上,切割刀将材料按设定好的方向切断,能保证铺放的材料与工装的外形相一致。铺放的同时,回料滚轮将背衬材料回收。自动铺带设备及工作原理如图9-4所示。

自动铺带技术主要用于铺放小曲率的大型复合材料构件,如翼面类构件的蒙皮。随着20世纪60年代由单向带的形式开发的先进复合材料的出现,自动铺带成为这种新材料铺叠成型的自动工艺方法。第一台计算机数控(CNC)自动铺带机是在美国空军材料实验计划下由 General Dynamics 公司和 Conrac 公司合作开发的,于80年代正式用于航空复合材料构件制造,自动铺带技术从此成为重要的广泛使用的大型复合材料构件制造技术。90年代后,欧洲开始研制生产自动铺带机,如西班牙 M. TORRES 公司研制出的七轴自动铺带机和法国 FOREST-LINE 公司研制的带有双向铺带头的自动铺带机。目前,为了适应不同种类的航空复合材料构件的需求,对自动铺带技术在加工能力方面提出了灵活性更强的要求。

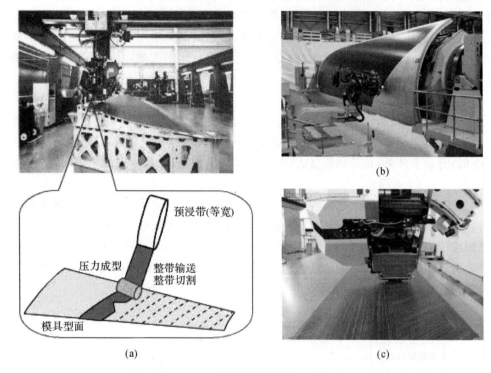

图 9-4 自动铺带设备以及工作原理

3)自动丝束铺放技术

自动丝束铺放与自动铺带技术同样具有高效、低成本的特点,是专为曲率较大的双曲面蒙皮构件的铺叠而开发的技术。这项技术起初主要用于克服纤维缠绕的缺点,它是纤维缠绕与自动铺带的结合,其核心技术是铺丝头。

自动丝束铺放技术是在模具上铺放预浸丝束,在自动铺带的基础之上,铺丝头的压辊将数根预浸丝束压在模具的表面,并集成为一条宽度可变的预浸带,然后再加热软化并进行压实定型,宽度的变化由程序来控制,预浸丝束根数可自动调整。对应不同曲率的不同需求,自动丝束铺放机可适应 3.2~25.4 mm 宽的预浸丝束。

与自动铺带技术相比,自动丝束铺放技术的优点主要在于:具有按构件型面增减纱束根数的功能,可根据构件形状自动切纱适应边界,废料率很低(3%~8%),不需要隔离纸,可完成局部加厚、加筋、铺层递减、开口补强等操作,铺放轨迹自由度更大,可变角度铺放,能适应大曲率复杂构件成型。

典型的自动丝束铺放机如图 9-5 所示,这种自动丝束铺放机有七个运动轴,由计算机控制 12~32 个丝束输送轴,丝束是指 3 mm 或 6 mm 的预浸丝束。典型的自动铺丝头及其结构如图 9-6 所示,铺丝头把预浸丝束独立输送并将其压实、切割,每一根预浸丝束从丝束筒上抽出,通过预浸丝输送系统到达铺丝头,在铺丝头集束后铺放到模具表面。

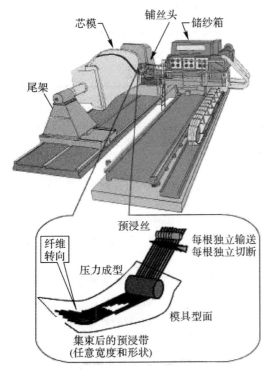

图 9-5　自动丝束铺放设备及工作原理

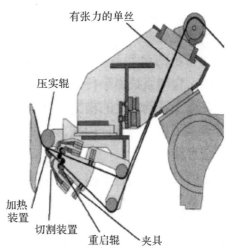

图 9-6　典型的自动铺丝头及其结构

9.2.3　热压罐成型工艺影响因素

复合材料在热压罐成型时,温度、压力、时间对复合材料成型质量有着决定性的影响。

1)温度

温度对复合材料成型的影响主要来自气流流速和升温速率。气流流速的增大改善了工装对流换热的效果,温差随着流速的增大而减小,但下降的幅度也越来越小,适当提高流速有利于提高复合材料的固化质量;较小的升温速率使工装与热气流间有充足的时间进行热交换与热传导,温差随着升温速率的降低而减小,且温差与升温速率的变化基本呈线性关系,若升温过慢会导致本高、效率低。

2)压力

热压罐对复合材料制件的加压灵活性强。通常制件铺放在模具的一面,然后装入真空袋中,施加压力到制件上使其紧贴模具,制件上的压力通过袋内抽真空而进一步被加强。合适的压力可以将不同的铺层压合起来并抑制孔隙的产生。

3)时间

合理的热传递时间以保证树脂基体的充分固化。与热压罐成型工艺相关的热传递时间包括两个方面:各类铺层材料和模具在内的成型组合系统内部的热传递时间、热压罐内加热单元对制件和模具的加热时间。前者是必需的,而后者控制着整个制件加热的均匀性,而且对复合材料的总固化时间也有重要的影响。

由于先进复合材料热压罐成型需要很多工艺步骤,因此整个过程中易产生错误并导致零件缺陷。有的产品对质量标准要求很严格,所以需要对制品进行非破坏性检验,主要缺陷包括分层、孔隙、气孔等。热压罐成型常见的缺陷及解决方法见表9-1。

表9-1 热压罐成型常见的缺陷及解决方法

缺陷名称	产生原因	解决方法
分层	由层间应力或制造缺陷引起的层与层之间的分离	①在设计和工艺上,减小残余应力;②提高树脂的韧性
孔隙	复合材料成型过程中形成的空洞	①树脂压力≥挥发物含量×饱和蒸气压;②在预浸料层间形成有效的气路;③采用零吸胶工艺
气孔	孔隙长大到一定程度,呈宏观状态出现的一种缺陷形式	
疏松	由加压过晚等原因导致复合材料层内纤维与树脂、树脂与树脂之间产生均匀孔隙的现象	
富脂与贫胶	在固化期间,层压板没有适当的压实或控制流胶:出现部分区域含胶量过高,称为富脂;出现部分区域含胶量过低,称为贫胶	①改善树脂流变特性;②预浸料含胶量的调节;③真空袋的封装和加压均匀性
变形	复合材料制品与设计标准不符,外形曲率等参量发生变化的一种缺陷形式	①铺层设计(角度、比例、顺序);②工艺优化(固化温度、降温速率);③模具设计(材料种类、结构形式);④反变形模具(外形、尺寸);⑤强迫校正(加强筋、施加压力)

9.2.4 热压罐成型工艺特点

热压罐成型方法在工程应用上无论在成熟度还是在规模化方面,仍是当今复合材料结构件的主要成型方法。这是由它的特点决定的:

(1)罐内压力和温度均匀。在它们共同作用下,可满足复合材料高纤维含量的要求,其复合材料具有较高的力学性能和较稳定的物理性能,例如热压罐成型复合材料结构件的孔隙率低,树脂含量均匀。

(2)热压罐成型方法适用范围广。如层压结构、夹芯结构、胶接结构和缝纫结构等都可以采用热压罐成型,而且热压罐的温度和压力条件几乎能满足所有聚合物基复合材料的成型工艺要求,无论是低温下成型的聚酯基树脂复合材料,还是需要在高温(300~400 ℃)、高压(1 MPa以上)下成型的聚酰亚胺等复合材料。

热压罐成型工艺的局限性主要表现在:

(1)高昂的制造成本。因为热压罐对尺寸、温度、压力的要求很高,所以其制造成本相当高。例如,直径$D=1$ m,长度$L=2$ m的热压罐的制造成本通常可达10万美元。另外,其辅助设备,如空气或氮气管道、冷却管道、加热炉和监测设备也将增加其成本。因此,大型工业热压罐和辅助设备成本非常高,超过 100 万美元。

(2)温度和压力响应迟缓及其温度控制精度差。这些问题在某种程度上还与热压罐的大尺寸及加热、加压方法有关。很多已经被航空设备应用的材料的固化周期很长,一般长达数小时。因此,一般大型热压罐缓慢的加热、冷却速度并不会严重影响材料的加工。另外,温度的控制可以通过改善内部的空气循环系统以及温度传感和控制器来进行改进。压力的施加与温度的控制也是相关的,因为加热气体使其温度升高时,压力也会增加。

9.3 液体成型

复合材料液体成型(Liquid Composite Molding,LCM)技术是指将液态聚合物注入铺有纤维预成型体的闭合模腔中,或加热预先放入模腔内的树脂膜,液体聚合物在流动充模的同时,完成树脂对纤维的浸润并固化成型为制品的一类技术。目前,以树脂传递模塑成型(Resin Transfer Molding,RTM)为代表的复合材料液体成型工艺成为 21 世纪颇具发展潜力的工艺。

液体成型基本要求:①纤维应首先形成一个预制体,如平面织物、三维编织物、经编织物、针刺或缝纫织物;②树脂应在一定温度下呈现低的黏度,并在一定时间内保持不变,可在一定温度下固化成型;③作用压力可通过模腔内形成真空(真空浸渍),或者由压力泵或压力容器来提供。

与其他的纤维复合材料制造技术相比,LCM 技术具有诸多优势:①可生产的构件范围广,可一步浸渗成型带有夹芯、加筋、预埋件等的大型构件;②嵌入件可以预先安置,在预制件中可以预埋各类嵌入件、加强肋、连接紧固件、芯材等,减少后安装工作量,提高部件整体性;③污染小,LCM 为闭模成型工艺,能有效减少苯乙烯挥发,改善生产人员的工作环境;④成型周期短;⑤成型效率高;⑥部件尺寸稳定,成型公差可以精确控制,重复性可以保证;⑦孔隙含量低,一般低于 1%;⑧废料少,制品后加工去掉的边角废料少。

9.3.1 液体成型工艺

复合材料液体成型工艺包括 RTM 成型、树脂膜熔渗(Resin Film Infusion,RFI)成型、真空辅助树脂传递模塑成型(Vacuum Assisted Resin Transfer Molding,VARTM)、树脂浸渍模塑(Seemann Composites Resin Infusion Manufacturing Process,SCRIMP)成型和结构反应注射模塑成型(Structural Reaction Injection Molding,SRIM)工艺。

1)RTM 成型工艺

RTM 成型工艺是将增强材料预制体、夹芯材料和预埋件预先铺放在模腔内,然后在压力或真空条件下将树脂注入闭合模腔实施浸渍,使制品在室温或升温条件下固化脱模的一种高技术复合材料液体模塑成型技术。根据需要,可选择对脱模后的制品进行表面抛光、打磨等后处理。而且由于 RTM 成型工艺采用金属阴阳模具,因此零构件的尺寸精度高,一般无需精加工。RTM 成型工艺基本原理如图 9-7 所示,共包含四个连续阶段:①预制体铺放;②合模并注入树脂;③加热固化;④脱模。

为保证工艺顺利进行,一般要求:在树脂凝胶过程开始之前,使树脂充满模腔;压力促使树脂快速传递到模具内,浸渍增强材料;注射完成后需封闭树脂注口,以便固化。

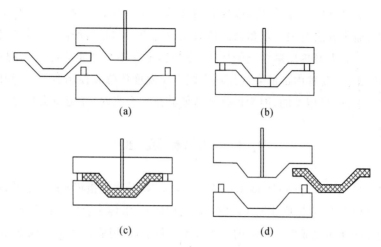

图 9-7 RTM 成型工艺基本原理

(a)预制体铺放;(b)合模并注入树脂;(c)加热固化;(d)脱模

　　随着纺织技术和树脂技术的发展,树脂传递模塑技术所成型的复合材料具有更先进的设计性、更高的承载能力并最终用于主承力结构。这些树脂具有低黏度、高韧性和优异的湿热性能,成型的复合材料纤维体积分数提高到 55%～60%,这也使碳纤维可应用于此工艺,因为碳纤维复合材料的高性能完全可以抵消使用碳纤维而带来的成本提高。先进的纺织技术也有助于提高预制体的润湿性,使用三维编织和缝合技术也可以提高复合材料的韧性(这是预浸料复合材料所不能有效实现的)。

　　VARI 成型工艺是一种吸出空气的闭模工艺。部分真空可有助于模具夹紧、压实增强材料和增大驱动压力的梯度。降低内压还有助于减小模具的变形,这对采用低成本、轻质模具生产大面积的模塑制品尤为重要。与 RTM 成型工艺的主要差异是:VARI 成型工艺仅为单面模,另一面是真空袋薄膜,模具可以是金属的,也可以是玻璃的,借助真空吸力,利用特殊网布作为介质将树脂吸入预先铺好的纤维编织物中;而 RTM 成型工艺是双面匹配模,树脂在外压下向内腔推进,由于推进压力较大,故要求采用金属模并且在金属模具两侧加强。

　　2)RFI 成型工艺

　　RFI 成型工艺是在 RTM 成型工艺的基础上发展起来的,它是一种树脂熔渗和纤维预制体相结合的技术。首先将预先制备的树脂膜或稠状树脂块安放在成型模的底部,其上层覆以预成型体,然后依照真空袋成型工艺的要点将模腔封装,在热环境下采用真空技术将树脂由下向上抽吸,从而填满整个坯料(即预制体)空间,固化成型,得到复合材料制件,如图9-8所示。

　　RFI 成型工艺中,树脂以固态形式同预制体一起封装于普通模具中,由于树脂熔融后向上渗入纤维预制体的能力小于向四周流动的能力,为防止树脂在充分渗入预制体前向四周流动,RFI 成型工艺模具中常放置隔栏来保证树脂对纤维预制体的浸润。在树脂膜熔渗入预制体后,隔栏高度可能大于预制体厚度,导致预制体四周可能加压不均匀或压力施加不上,因此常在预制体上放置多孔板,均匀地将压力充分传递到预制体上。另外,多孔板还可增加树脂流动路径,从而保证对纤维的充分浸渍。

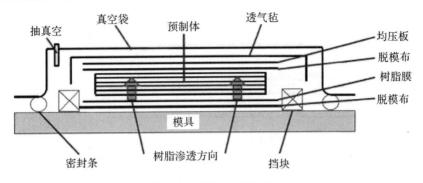

图 9-8　RFI 成型工艺

RFI 成型工艺适合制作大型、型面复杂、带加强筋条乃至带加强墙和梁的结构件。为确保结构的型面公差与结构完整性,首先要制作出符合要求的预制体。此时纤维按预定方向取向以满足承载要求,并可安置各种加筋形式,如"⊥"形、"["形、"L"形和"工"形,与蒙皮连成整体,从而获得较高的整体承载能力。预制体可以是二维、三维编织物,也可以是经编、缝纫织物。但目前最受关注的预制体成型制造技术是铺叠加缝纫的技术。它的要点是按预定方向铺放预成型,用纤维将预制体缝纫成为一个整体。预制体成型制造技术使复合材料件抗冲击的能力提高近 1 倍,无须采用昂贵的高韧性树脂。

3)VARTM 成型工艺

为了改善 RTM 成型工艺注射时模具腔内树脂的流动性、浸渍性,更好地排尽气泡,出现了在腔内抽真空,再用注射机注入树脂,或者仅靠型腔真空造成的内外压力差注入树脂的工艺,这两种方法统称 VARTM 成型工艺,如图 9-9 所示。VARTM 成型工艺基本原理和RTM 成型工艺是一致的,适用范围也类似。

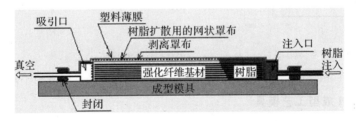

图 9-9　VARI 成型工艺

4)SCRIMP 工艺

SCRIMP 成型工艺是在模具型面上铺放增强材料,将型腔边缘密封严密,在型腔内抽真空,再将树脂通过精心设计的分配系统在真空作用下注入模腔内,如图 9-10 所示。SCRIMP 成型工艺之所以得到长足发展是由于其突出的综合技术优势。该工艺精心设置的树脂分配系统使树脂胶液先迅速在长度方向上充分流动填充,然后在真空压力下沿厚度方向缓慢浸润,大大改善了浸渍效果,减少了缺陷发生,使模塑件具有很好的一致性和重复性,而且也克服了 VARTM 成型工艺在生产大型平面、曲面的层合结构以及加筋异型构件等制品时,纤维浸渍速度慢、成型周期长等不足。

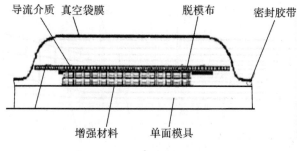

图 9-10　SCRIMP 成型工艺

5)SRIM 成型工艺

SRIM 成型工艺是建立在树脂反应注射模塑(RIM)成型工艺和 RTM 成型工艺基础上的一种新的成型工艺。如图 9-11 所示,SRIM 成型工艺先把长纤维增强材料预置在模具型腔中,再利用高压计量泵提供的高压冲击将两种单体物料在混合头混合均匀,在一定温度条件下注射到模具内,在模具内固化成型制品。

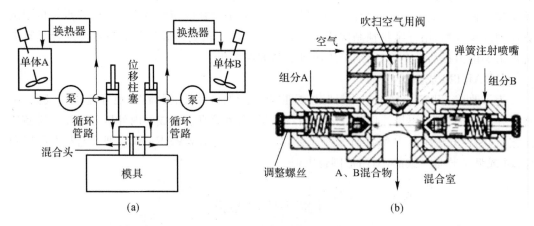

图 9-11　SRIM 成型工艺

9.3.2　RTM 成型工艺模具

所有使用模具的工艺过程,若在设计零件的同时设计模具,将有助于改善制造工艺性、提高产品性能。这对于 RTM 成型工艺来说尤为重要,因为与所有其他模塑工艺相比,RTM 成型工艺涉及的大部分过程都发生在模具内部。模具的用途包括成型纤维预制体、分配注入的树脂并确定树脂注射量、完成树脂固化、抑制压力差、保障脱模。前述因素都会对制造工艺性及零件性能产生影响。

1)RTM 成型工艺模具的基本结构

RTM 成型工艺的刚性模具必须分成至少两个部分来确定零件所有的面、放置预制体以及脱模。在闭合的两片模具之间的空腔是型腔。零件周围两片半模具对合的曲线称为零件的分模线。垂直于开模轴线的参考面称为分型面。从分模线开始向外延伸的是模具凸缘，上面设有气密密封条。出胶口和排气口也经常位于模具凸缘上，穿过密封条与型腔相交。确定内模线(IML)表面的独立模具分块也叫芯模、嵌件或型芯。当某个主要模具分块形成一个深入内部(通常称为栓塞)的零件内部表面时，尽管零件并不是完全中空的，通常仍将其视作阳模表面。用于形成沟槽或作为辅助压实手段的芯模，或者由预制体支撑，或者在阴模闭合过程中被引导或锁定就位，如图 9-12 所示。

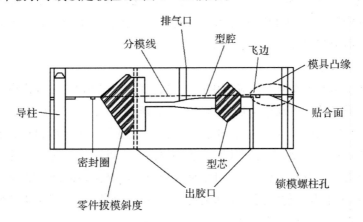

图 9-12　RTM 成型模具结构

典型的航空制件需要承受高温，因此要求树脂在较高的温度下固化。所需的固化温度取决于树脂的种类以及制件的应用部位，但是通常介于 $120\sim175{}^\circ\!C$ 之间。该温度是模具选材的首要指标，因为它对模具材料、几何形状、物理性能等都有重要影响。

2)注胶口

树脂注入模具的孔洞通常称为注胶口或浇口。注胶口必须与泵送系统密闭连接，易于清理固化的树脂，并且工作可靠。此外，注胶口不能妨碍脱模或者提高制件表面粗糙度。连接处的密封可以通过静配合来保证，如锥管螺纹嘴和底座，或 O 形密封圈。一些情况下，可以将浇口设置在制件的分型线上，以便于清理和检查，称为分型线注射。在另外的情况下，浇口必须远离任何分型线，称为面注射。分型线注射的不利之处是密封必须被打断，同时还必须保证不漏气或不泄漏树脂。通常，一次性的注胶管路会被安装在硅胶套管内，后者通过一片或两片模具上的形状类似的孔道固定，并在此穿过密封条。面注射和出胶口的位置通常是与管路静配合的开孔。其他可用的连接形式包括压缩、锥孔、螺纹、倒钩以及快速接头。真空硅胶可用来对连接处进行密封。

3)出胶口

最常用的出胶口位置是在模具的最低端，靠近制件质心的部位。出胶口的位置一般都设置在每条流道的最远端。关键是要预测树脂流动路径，在模拟过程中纤维的分散以及模具的几何尺寸都是理想状态，这使得模拟的结果与实际树脂的流动方式不同。对体积分数变化的预测，特别是在平行的路径上，使得模具设计者可以利用少数几个试模件就能优化出注胶口与出胶口的设置。当夹芯或加强筋与流动方向垂直时，可能会扩展流道，但使流动前缘变得平缓。而当其平行于树脂流动方向时,加强筋或其他突然的转变都会导致在加强筋方向局部流动加速,流动前沿形成突出部位并引起工艺变化。

分离的平行流道发生汇聚是引起包裹空隙的常见原因。这个问题可以通过改变注胶口和出胶口的位置来避免。所有的夹芯结构在型芯的两侧都会有平行流道,应确保注胶口位于能使注射压力在相对的两边之间均匀分布的位置。当树脂流动前沿穿过实心的面板到达型芯或芯模时,它会自己分布得很好。但是,当只有单面注射口时,芯模必须钻孔,或在另一面设置另外的树脂源,用几乎相同的压力注入树脂。预制体间的金属片材或者其他非渗透性材料在每一个面上都要保持近似相等的压力。

4)顺次注射的管道

大部分的航空 RTM 成型工艺应用中都会用到真空辅助出胶,在顺次注胶过程中会需要大量的管路。通常处于流动前沿后面的静态树脂压力是低于大气压的。这样,在连接管路的过程中,如果进、出胶口连通大气,树脂中就会混入空气。每个胶口应该在一开始就与胶罐和真空系统连接。否则,在打开注腔阀前必须抽真空以清除空气。在顺次注射过程中,必须了解树脂相对于注胶口的位置:注射太早可能导致两个流动前沿汇聚,最终导致空隙的出现,而注射过晚会浪费注射时间并增加能耗。观察口和残胶收集器可以实现这一功能,此外还可以在固化期间用来提供静压力。

5)树脂分配支路

通过内部或外部管路可以将树脂输运到制件的边缘以及制件的不同位置。内部管道通常包括在一个或两个模具的配合面上的流胶槽,因此很容易就能去掉。外部管道通常使用一次性的金属或塑料管路,管材进入模具内部并在模具上进行密封。当在一条树脂流道上有多个进胶孔的时候,它被称作分支管路,并且必须进行计算以保证能提供所有进胶孔的流量。当分支管路用于较长的距离时,其截面积应该至少是进胶孔截面积总和的两倍以减少不希望出现的压力变化。当仅有一个进胶口,或者是每次只开一个进胶口时,它被称为快速流道或支路,其尺寸应能使足够的流量流过足够的距离而不产生过大的压力损失。

6)排气口

合模后排出模具内的空气是十分重要的,可以通过注射前抽真空或在注射过程中不带真空而利用树脂进行置换。理论上,真空口和注胶口可以用同一个口,但是实际中很少这样做,因为注射时模具中的空气或者注射过程中泄漏进模具中的空气是很难排出的。通常排气口被设置在预期流道的终端,这样被树脂流动前沿置换的空气能够在排气口关闭前从模具中排出。排气口通常包括从模具引出的一次性的管路,与型腔相交,而终止于树脂收集器。与模具相接的排气孔可能会导致脱模困难或者部分固化的层压板局部分层,这是因为脱模时必须折断残留的树脂。这种困难可以通过在分型面时设置一个限制性出胶口来缓解,这样一来就减小了需要折断的树脂柱塞的截面积。使用金属管路的话非常容易实现上述目的,因为旋转切管机可以很自然地在切口处缩小管径。分型线上的出腔口很容易清除掉。当注射周期完成后,出胶口必须被关闭,以防止因为热膨胀、静态同化压力或重力导致树脂泄漏。如果出胶口没有被关闭,树脂将会在常压下固化。固化后,必须对出胶口进行清理,在下一个工艺周期继续使用。

7)锁模装置

RTM 成型工艺模具必须能承受各种载荷,其来源包括预制体压实、树脂注射、模具密封以及模具内部的加压气囊或芯模。RTM 成型工艺模具必须使用压机或是设置在模具中的锁紧机构闭合。压实、注射和固化过程通常需要施加正压力,因此模具必须有足够的刚度,以便将载荷传递给锁模机构或压机的台面,而不产生额外的挠曲。此外,模具表面必须能够经受所需次数的工艺循环中干纤维对模具的摩擦,而不需要额外的维护。模具表面还必须与未固化树脂、脱模剂、模具清洁剂所含的化学成分相容。

9.3.3　RTM 成型工艺影响因素

RTM 成型工艺成功的关键是正确地分析、确定和控制工艺参数,如注胶压力、温度、速度等,这些参数都是相互关联、相互影响的。

1)注胶压力

压力是影响 RTM 成型工艺过程的主要参数之一,压力决定了模具的材料要求和结构设计。高压力需要配合高强度、高刚度的模具和较大的合模力。RTM 成型工艺通常在较低压力下完成树脂压注,在实际生产制造中,可以采取降低树脂黏度、设计适当的模具注胶口和排气口、设计适合的纤维排布以及降低注胶速度等方法来降低压力。

2)注胶速度

注胶速度取决于树脂对纤维的润湿性和树脂的表面张力及黏度,受树脂的活性期、压注设备的能力、模具刚度、制件的尺寸和纤维含量的制约。充模的速度对于 RTM 的质量也是不可忽略的重要因素。由于树脂对纤维的完全浸渍需要一定的时间和压力,较慢的充模压力和一定的充模反压有助于改善 RTM 成型工艺的微观流动状况。但是,充模时间的延长降低了 RTM 成型工艺的效率。

纤维与树脂的结合除了需要用偶联剂预处理以加强树脂与纤维的化学结合力外,还需要有良好的树脂与纤维结合紧密性。在实际生产中希望获得高的注胶速度,以提高生产效率。从气泡排出的角度,也希望提高树脂的流动速度,但不希望速度的提高会伴随压力的升高。

3)注胶温度

过高的温度会缩短树脂的工作期,过低的温度会使树脂黏度增大,而使压力升高,也阻碍了树脂正常渗入纤维的能力。较高的温度会使树脂表面张力降低,使纤维束中的空气受热上升,因而有利于气泡的排出。因此在实际应用中,在不至太大缩短树脂凝胶时间的前提下,为使树脂在最小的压力下使纤维获得充足的浸润,注胶温度应尽量接近最小树脂黏度的温度。

除以上影响因素外,液体成型工艺制品也会由于成型过程中树脂黏度的高低以及纤维体积分数等不合适而产生一些缺陷,从而对制品的质量造成一定的影响。在液体成型工艺中,常见的缺陷形式,其形成原因以及相应的解决方法见表 9-2。

表 9-2　液体成型工艺常见的缺陷及解决方法

缺陷名称	产生原因	解决方法
浸润和流动困难	树脂黏度太高	①选用合适的树脂黏度;②缩短树脂流动距离
空隙和干斑	黏度太低造成纤维束间和束内流动的不匹配,不合适的树脂黏度均易形成预成型体浸润过程中的空隙和干斑	
渗透性不均匀	纤维体积分数过高,会造成合模时模具对纤维预成型体的挤压,导致渗透性不均匀	严格计算预制体所需的纤维体积含量,同时满足渗透性和避免边缘效应的要求
富脂	纤维体积分数过低,树脂的冲刷作用会使纤维移位,同时模具与纤维之间的空隙易形成树脂的优先流动通道,边缘效应明显,形成树脂富余区	

9.3.4　RTM 成型工艺特点

RTM 成型工艺是典型的液态成型技术,也是其他液态成型技术发展的基础。RTM 成型工艺的主要特征是增强材料和树脂基体分开处理,直到在注胶时它们才在模腔内复合。在此之前,这两种组分具有完全不同的历程,就像早期的湿法层合技术和如今的船体成型技术。RTM 成型工艺已从小范围应用发展到成为一种非常具有竞争力的复合材料成型技术,可以作为预浸料/热压罐技术的补充或替代技术。

1)RTM 成型工艺的选材特点

RTM 成型工艺中使用的材料主要是热固性树脂,这是因为它具有良好的工艺性。室温下热固性树脂几乎全部是液态或半固态,而且从概念上讲它们更像是构成热塑性树脂的单体而非最终状态的热塑性树脂。在热固性树脂固化之前,它们可以被加工成各种形状,但一旦使用催化剂或加热使其固化,就不能再次成型。这是因为在固化过程中形成了化学键结合,使得小分子转变成为具有较高相对分子质量的三维交联刚性聚合物结构。对于 RTM 成型工艺来说,所选树脂的化学特性和工艺之间存在强的关联关系,其黏度必须小,以满足易于浸渍的需要。因此,树脂体系的选择非常重要。

在选择 RTM 成型工艺树脂及其固化体系配方时必须考虑这两类因素,即工艺和性能。其中,工艺参数有两个,即初始黏度和适用期。这两个参数都是温度的函数,一旦工艺操作温度确定,所选树脂体系的初始黏度也就确定了。温度也控制着有效的注射时间(即适用期),注射时间依赖于树脂和固化剂的反应速率,这个速率与温度直接相关。有机聚合物基体在很大程度上决定着复合材料的性能,这些性能包括吸湿性能、高低温性能、冲击和疲劳性能、高载荷持久性能和上述综合条件下的性能。在复合材料投产前或对材料性能进行全面测试之前,为了确定树脂和固化剂配合体系,需要对最能表达材料性能的项目进行测试。这些性能项目包括:①拉伸(弹性)模量;②玻璃化转变温度(T_g);③吸湿性;④韧性(断裂延伸率)。另外,其他性能(如燃烧性和耐溶剂性)也常作为选择树脂的基本依据。

2)RTM 成型工艺的树脂流动特性

RTM 成型工艺是采用具有最终制件理想尺寸的预制体在闭合模具中成型,树脂传递可以通过传递罐或树脂泵在真空及附加压力下完成,通常树脂以面内流动通过预制体,如图 9-13 所示。注射树脂时一般需要升高温度,因为这会降低树脂黏度,但同时也会导致树脂更早、更快交联,从而使树脂的注射窗口变窄,由此产生的聚合反应也决定了树脂的最大流动长度。树脂注射的另一个受限条件是预制体的渗透特性。典型的树脂注射时间为 5～20 min,流动长度为 2 m。可以通过设立多个注射口或线性注射的方式提高流动长度,因此制件的尺寸可以大于树脂的最大流动长度。另一种注射大型制件的方式是采用特殊织造技术形成的具有流动通道的特定织物以便于树脂填充预制体。

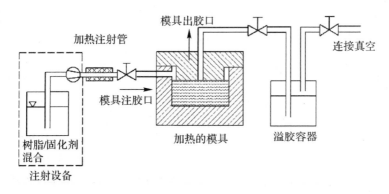

图 9-13　RTM 成型工艺过程中的树脂流动过程

RTM 成型工艺的树脂注胶过程主要是依靠压力差来驱动树脂流动的。树脂供给系统可以分为两类:恒压注射和恒流注射,通过集成的压力泵来提供高压和恒定的流动。在恒定流体压力注射的情况下。当采用恒定的流体压力注射时,由于预制体产生的阻抗,流动速率将在浸润过程中变化。结果表明,随着树脂流动距离的增加,流动速率将减慢。相反,当恒定流动速率时,流体压力和预制体的渗透率将按照某种函数关系变化,预制体的渗透率、树脂黏度、树脂流动的距离和流动速度决定流体的背压力。可以在注射泵上看见,如果渗透率是常数(假如仅仅很小的局部波动),背压力将随着树脂流动的横向距离增加而增加,这种关系可以通过数学公式呈现,也可以以 Darcy 定律中流体流经一个半渗透膜的模型来描述。

事实上,在流水线生产模式下,需要两种控制方式同时使用才能制造出高质量的制件。制件商采用了通过控制和反馈回路设计将二者结合起来的折中方案,即在用户规定的限制压力内调节流动速度,或在用户规定的流动速度内调节压力。这些功能通过目标值设定、过载保护和循环计数器等完成,从而增加 RTM 成型工艺装备的安全、保险和可靠性。在泵的创新性设计方面,Ashby Cross 开发的旋转阀系统提供了真实的恒定流动速率或压力,因为它采用的互换式活塞泵在上下冲程都能促进树脂流动。且 RTM 成型工艺的树脂流动遵从多孔介质的渗流行为,固化过程满足树脂的热力学行为。

3)RTM 成型工艺与热压罐工艺比较

热压罐工艺和 RTM 成型工艺具有很多相似之处,但在某些方面却截然不同,最大的不同体现在树脂基体对增强体的预浸渍工艺。预浸料制造工艺一般是连续地将纤维和树脂基体经过工业化程度高的自动化设备进行预浸,而 RTM 成型工艺中纤维在合模注射前一直为干态。RTM 成型工艺可以分为两步:第一步,将纤维按照设计需要铺放在模具中,第二步,注射树脂,随后固化。然而,对树脂而言,因其在注射前需要混合或预热,所以 RTM 成型工艺用树脂必须有一定的注射工艺时间。

在 RTM 成型工艺的第一步,纤维铺放与预浸料铺放相似。在两种工艺中,纤维增强体都被叠放成需要的厚度和形状。预浸料的纤维上一般有足够的树脂,可使相邻片层间黏结起来。RTM 成型工艺用增强体为干态纤维而无法黏结,所以一般使用定型剂或缝纫技术对增强体进行处理而使其具有一定的整体性。另外,RTM 成型工艺可以使用诸如编织物、多轴织物及三维织物等各种类型的先进织物作为预成型体进行注入,预成型体与预浸料铺叠相比的优点在于适用于不同的形状和厚度,且可以实现制件的近净尺寸成型。

RTM 成型工艺与预浸料工艺相比有以下几个不同之处:①树脂在预成型体中通过压力梯度流动并消除空隙;②树脂可以在被注入或吸入模腔的同时进行混合,但大部分航空公司仍用由树脂制造商提供的预先混合的单组分体系;③制件厚度一般由闭合的模腔控制;④树脂在注射前需要预热以达到低黏度,预热温度一般有一个最高限度,因为随着温度升高,树脂黏度会不断增大,注射工艺窗口越窄,这会限制树脂在制件中的最大注射长度;⑤大型制件一般需要多点注射;⑥注射完毕后升高模温加速固化。

应用于热压罐固化层合复合材料的无损检测技术同样可以被应用于 RTM 成型工艺复合材料。超声波检测、射线探伤、激光散斑检测、X 射线、声发射和热波成像等技术能产生相似的结果。目视检查将会发现 RTM 成型工艺复合材料主要的常见缺陷,如富树脂、树脂开裂、预成体移动、干斑、空隙及其他表面缺陷等。

9.4 拉 挤 成 型

复合材料的拉挤成型工艺是将已浸润树脂胶液的连续纤维束、带在牵引结构拉力作用下,通过模具成型,在模中或在固化炉进行固化,连续引拔出长度不受限制的复合材料型材。由于在成型过程中需经过成型模的挤压和外牵引拉拔,而且生产过程和制品长度是连续的,故又称为拉挤连续成型工艺。复合材料拉挤成型技术已取得了很大进展:从开始的等截面拉挤制品发展到截面厚度可变、宽度不变,进而发展到截面形状可变、面积不变,原材料由粗纱和单一树脂发展到含多种添加剂(如加入布、毡、装饰表面层、耐腐蚀渗透薄膜等),还可沿拉挤方向放入嵌件(如木材、泡沫材料等),使制品性能在很大程度上具有可设计性。拉挤成型制件如图 9-14 所示。

图 9-14 复合材料拉挤成型制件

9.4.1　拉挤成型工艺

1. 拉挤成型工艺流程

拉挤成型工艺流程为：排纱—浸胶—预成型—固化—牵引—切割—后处理，如图 9-15 所示。

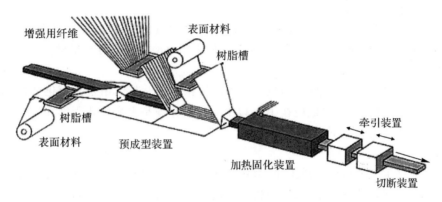

图 9-15　拉挤成型工艺流程

1）排纱

排纱是将安装在纱架上的增强材料按设计要求从纱筒上引出并整齐排布的过程。

只有增强材料放置在正确的位置，才能充分发挥拉挤产品的综合性能，实现制品设计目的。完成此工序的送纱装置包括纱架、毡铺展装置、缠绕机或编织机等。

对增强材料进行排纱时，多采用旋转芯轴，纤维从纱筒外壁引出，这样可避免扭转现象。如采用纤维从纱筒内壁引出的方式，纱筒固定会使纱线发生扭曲，不利于纤维的整齐排布。

2）浸胶

树脂浸渍是将排布整齐的增强纤维均匀浸渍已配制好树脂的过程。在整个浸渍过程中，必须保证增强材料排列整齐。若增强材料未被树脂充分浸渍，最终制品将达不到产品的设计机械强度。

浸胶装置由浸胶导向辊、树脂槽、压辊、分纱栅板和挤胶辊等组成。对由纱架引出的玻璃纤维粗纱经浸胶槽后，由挤胶辊加紧来控制树脂含量。树脂槽长度通常为 0.5～1.8 m：不能太短，否则增强材料在槽内停留时间太短，不能使树脂充分浸渍增强材料；不能太长，否则槽中溶剂会与纤维浸渍剂发生作用。生产过程中胶液应连续不断地循环更新，以防止因胶液中溶剂挥发造成树脂黏度加大。胶槽一般采用夹层结构，通过调控夹层水温以保持胶液温度。挤胶辊的作用是使树脂进一步浸渍增强材料，同时起到控制含胶量和排气的作用。分栅板主要是将浸渍树脂后的玻璃纤维无捻粗纱分开，确保按设计的要求合理分布。

浸胶时间是指无捻粗纱及其织物通过浸胶槽所用的时间。时间长短应以玻璃纤维被浸透为宜，它与胶液黏度和组分有关。一般对不饱和聚酯树脂的浸胶时间控制在 15～20 s 之间为宜。

3）预成型

预成型的作用是将浸渍的增强材料进一步均匀并除去多余树脂和排除气泡，使其形状逐渐接近成型模具的进口形状。例如:制备管材时,一般使用圆环状预成型模;制造空心型材时,通常使用配置有芯模的预成型模;生产异型材时,大都使用形状与型材截面形状相近的金属预成型模具。

4)固化

预成型后,成为型材形状的浸胶增强材料进入模具并在模具中在线固化成型。模具温度根据固化工艺过程设定。

固化反应是拉挤成型工艺中最关键的部分,典型模具的长度在 500～1 500 mm 之间。模具出口与牵引机械之间要有一定的距离。一般采用风冷的方式冷却型材。

5)牵引

牵引装置可以是履带型牵引机,也可以用液压拉拔机。其作用是将固化型材从模具中抽拔出来。因此,设备吨位一般应在 10 t 以上。牵引速度是平衡固化程度和生产速度的参数。在保证固化度的前提下应尽可能提高牵引速度。

6)切割

切割是拉挤工艺的最后一道工序,由移动式切制机来完成。切割方式可分为干切和湿切:干切粉尘大,需要装备吸尘器;湿切粉尘小,但是需要增加排给水设施。

7)后处理

一般从拉挤生产线下来的玻璃钢型材处于硬化阶段,还需将型材放置于恒温室中继续固化一段时间,以进一步提高型材强度。

2.拉挤成型工艺分类

拉挤成型可以按照成型工艺所用设备、所用树脂进行分类。

1)按照拉挤成型工艺所用设备进行分类

按照拉挤成型工艺所用设备的特点,将其分为卧式拉挤成型工艺和立式拉挤成型工艺。

(1)卧式拉挤成型工艺。该工艺又分为间歇式拉挤成型工艺和连续式拉挤成型工艺(牵引机构连续工作)。间歇式拉挤成型工艺是把增强纤维牵引穿过树脂浸渍槽并进入对分式阴模,在静止状态下由模外加热固化。通常模具的进入端要冷却以防树脂固化,在一段增强纤维上的浸渍树脂完全固化后,打开模具再把下一段牵引到模中。

(2)立式拉挤成型工艺。该工艺采用熔融或液体金属槽代替钢制的热成型模,克服了卧式拉挤成型中钢制模具价格较高的缺点。其主要用于生产空腹型材,因生产空腹型材时,芯模只有一端支撑,此法可避免卧式拉挤芯模悬臂下垂所造成的空腹型材壁厚不均等缺陷。

拉挤成型工艺除立式和卧式机组外,还有弯曲形制品拉挤成型工艺、反应注射拉挤工艺、含填料的拉挤工艺、隧道炉拉挤工艺和高频或微波加热拉挤工艺等。

2)按照所用树脂种类进行分类

按照拉挤成型工艺所用的树脂特点,将其分为热塑性树脂基复合材料拉挤工艺和热固性树脂基复合材料拉挤工艺,其中热塑性树脂基复合材料拉挤工艺应用较多。由于热塑性树脂融体的黏度大,浸渍困难,研究工作的重点长期集中在浸渍技术方面,各种不同拉挤工艺的根本区别也在于浸渍方法和浸渍工艺的不同。总体来说,可根据浸渍技术把热塑性复合材料拉挤工艺分为非反应型拉挤工艺和反应型拉挤工艺两大类。从目前情况来看,非反应型工艺是主体,应用更广泛,相对来讲也比较成熟。图 9-16 是连续纤维热塑性复合材料拉挤工艺分类情况。

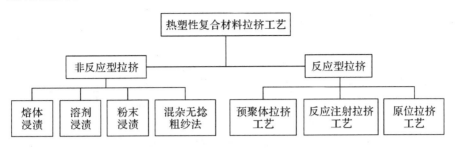

图 9 - 16　连续纤维热塑性复合材料拉挤工艺

(1)非反应型拉挤工艺。非反应型拉挤工艺采用的浸渍方式主要有熔体浸渍、溶剂浸渍、粉末浸渍、混杂无捻粗纱法。

a.熔体浸渍。该浸渍方法一般是让均匀分散、预加张力的连续纤维束通过一连串轮系间流动着熔融态的基体树脂的辊轮系统。为提高浸透性,还通常加一定的压力,或混入低相对分子质量同种类的改性组分(或增塑剂)等。该工艺比较成熟,浸渍时纤维不易缠绕,能加工一切可以熔融流动的塑料。

b.溶剂浸渍。该方法是选用一种合适的溶剂,也可以是几种溶剂配成的混合溶剂,将树脂完全溶解,制得低黏度的溶液,并以此浸渍纤维,然后将溶剂挥发、回收制得预浸料。该方法克服了热塑性树脂熔融黏度高的缺点,可以很好地浸渍纤维。然而,其也存在许多不足,主要是:溶剂的蒸发和回收费用高,且污染环境;如果溶剂清除不完全,在复合材料中会形成气泡和孔隙,影响制品性能。因此采用该方法进行加工的复合材料,在使用过程中其耐溶剂性必然会受影响。另外,有些热塑性树脂很难找到合适的溶剂。

c.粉末浸渍。粉末浸渍制备技术是在流化床中,通过静电作用将树脂细粉吸附于纤维束中纤维单丝的表面,然后加热使粉末熔结在纤维的表面,最后在成型过程中使纤维得以浸润。加工过程不受基体黏性的限制,高相对分子质量的聚合体可分布到纤维中。这种工艺纤维损伤少,聚合物无降解,具有成本低的潜在优势。适合于这种技术的树脂粉末直径以 $5 \sim 10 \ \mu m$ 为宜。

d.混杂无捻粗纱法。该法是将热塑性树脂纺成纤维或薄膜带,然后根据含胶量的多少将一定比例的增强纤维和树脂纤维束紧密地合并成混纱,再通过一个高温密封浸渍区,将树脂纤维熔成基体。该法的优点是树脂含量易于控制,纤维能得到充分的浸润。

(2)反应型拉挤工艺。反应型拉挤工艺包括预聚体拉挤工艺、反应注射拉挤工艺、原位拉挤工艺。

a.预聚体拉挤工艺。这种工艺所使用到的树脂是将单体和引发剂混合后加热而制成的。预聚体初始相对分子质量小、黏度低及流动性好,使得纤维与之一边浸润,一边反应,从而达到理想的浸渍效果。这种工艺要求单体聚合速度快,反应易于控制。该工艺适用于玻璃纤维、碳纤维、尼龙以及其他纤维,树脂的适用范围很广。产品的纤维质量分数为 $10\% \sim 70\%$。以纤维增强聚苯乙烯的拉挤成型为例,由苯乙烯单体和引发剂过氧化苯甲酰(B)混溶,制成预聚体。预聚体进一步聚合是在拉挤模具内实现的。预聚体拉挤工艺流程如图 9 -

17 所示。

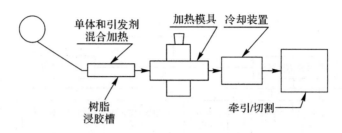

图 9-17　预聚体拉挤工艺流程

b. 反应注射拉挤工艺。与通常的拉挤工艺相比，反应注射拉挤工艺的独特之处在于：拉挤过程中是将树脂组分直接注入树脂浸渍腔或拉挤模具入口处与增强材料浸渍，然后通过加热的模具成型，它实际上是将拉挤工艺与 RTM 成型工艺结合起来而形成的一种很有特色的工艺，它具有拉挤工艺的优点，并消除了某些不利之处。RTM 成型工艺过程中，树脂体系一般分成 A,B 两个组分，每一组分自身都不会反应。将树脂体系的 A、B 两组分预热后经计量泵送入树脂混合单元，充分混合后直接导入树脂浸渍腔或模具入口处浸渍增强材料，其中增强材料也经过预热，这样就保证了树脂浸渍在高温的条件下进行，这时树脂体系的黏度极低，因而对纤维浸透性极好；树脂组分的混合和使用同时进行，也不存在树脂使用期的问题。由于树脂混合单元邻近模具入口处，因此有可能采用快速固化的或者在常温下呈固态的树脂体系。反应注射拉挤工艺如图 9-18 所示。

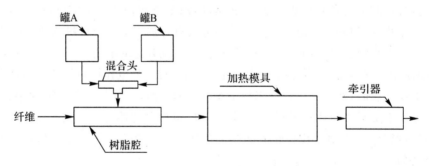

图 9-18　反应注射拉挤工艺示意图

c. 原位拉挤工艺。这种拉挤工艺实际与反应注射拉挤工艺类似。不同的是，在线制备的树脂直接注入拉挤模具。

9.4.2　拉挤成型工艺设备

拉挤成型工艺设备包括送纱及送毡装置、树脂浸渍装置、预成型导向装置、带加热控制的拉挤模具、固化炉、牵引装置和切割装置等，如图 9-19 所示。

1）送纱及送毡装置

送纱装置主要用来放置生产所必需的玻璃纤维粗纱纱团。纱架的尺寸取决于纱团数目，而纱团数目又取决于制品尺寸。纱架一般要求稳固、换纱方便、导纱自如、无任何障碍，并能组合使用，有框式和梳式两种形式，可安装脚轮，便于移动。送毡装置主要用来安放各种毡材并能顺利地导出材料架。

图 9-19　拉挤成型工艺设备

2）树脂浸渍装置

树脂浸渍装置由树脂槽、导向辊、压辊、分沙栅板和挤胶辊等组成。槽内配以导纱压纱辊，树脂槽前后具有一定角度差，使粗纱在进出树脂槽时弯曲角度不至于太大而增加张力。为了能调节树脂温度，树脂槽一般还设有恒温加热装置，这对于环氧树脂尤为重要。

3）拉挤模具

在玻璃钢型材的拉挤成型过程中，模具是各种工艺参数作用的交汇点，是拉挤工艺的核心之一。与塑料挤出成型相比，拉挤成型与其有相似之处，但前者仅是物理变化过程，后者还伴随着复杂动态的化学反应。相比之下，拉挤模具的工况较前者复杂得多，所以拉挤模具的设计和制造具有十分重要的意义，它不仅关系着拉挤工艺的质量，决定着制品的质量和产量，还影响着模具的使用寿命。

从工艺角度来讲，拉挤使用的模具一般由预成型模和成型模具两部分组成。

（1）预成型模具。在拉挤成型过程中，浸渍后的增强材料在进入成型模具前，必须经过由一组导纱元件组成的预成型模具。预成型模具的作用是进一步去除浸渍后增强材料的多余树脂，排除气泡，逐步形成近似成型模腔形状和尺寸。通过预成型，增强材料逐渐达到所要求的形状，并且增强材料在制品断面的分布也符合设计要求。

（2）成型模具。成型模具横截面面积与产品横截面面积之比一般应大于 10，以保证模具有足够的强度和刚度，加热后热量分布均匀和稳定。拉挤模具长度由成型过程中牵引速度和树脂凝胶固化速度决定，以保证制品拉出时达到脱模固化程度。图 9-20 所示为整体成型模具。

拉挤模具要求模腔表面光洁、耐磨，以减小拉挤成型时的摩擦阻力，延长模具使用寿命。模具材料的选择直接影响拉挤模具性能，模具材料要具备以下性能：

（1）较高的强度、耐腐蚀性、耐疲劳性和耐磨性；

（2）较高的耐热性和较低的热变形性；

（3）良好的切削性和表面抛光性；

(4)摩擦因数小,阻力小,尺寸稳定性好。

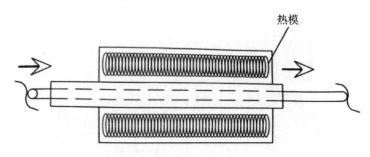

图 9-20　整体成型模具

合金模具钢表面光滑致密、硬度高、易于脱模、清理模具时不易损坏、便于渗氮处理和型腔表面镀硬铬,所以拉挤模具一般选用合金模具钢。经过粗加工后再精加工,对表面进行镀硬铬或者渗氮、渗碳处理,使模腔内表面硬度达到 50~70HRC,最后抛光使型面达到很好的表面粗糙度(表面粗糙度值 Ra 达到 0.2 pm 的水平),能够非常好地满足上述要求。这样不仅可减小摩擦因数,延长模具的使用期,而且也会改善对树脂的防黏特性。

4)牵引装置

牵引机是拉挤成型工艺中的主机,它必须具备夹持与牵引两大功能,夹持力、牵引力、牵引速度均需可调。牵引机有履带式和液压式两大类。履带式牵引机的特点是运动平稳,速度变化量小、结构简单,适用于生产有对称面的型材、棒、管等。液压牵引机体积紧凑、惯性小,能在很大的范围内实现无级调速、运动平稳,与电气、压缩空气相配合,可以实现多种自动化。

5)切割装置

一般采用标准的圆盘锯式人造金刚石锯片,切割方式有手动切割和自动切割两种方式。自动切割机可以为拉挤生产的自动化提供保障,效率更高。

9.4.3　拉挤成型工艺的影响因素

拉挤成型质量控制系统可监控各个参数,如浸胶时间、树脂温度、成型温度、模腔压力、固化速度、固化程度、牵引张力及速度、纱团数量,这些工艺条件的控制对稳定生产和制品的质量都有很大的影响。

1)浸胶时间

浸胶时间是指无捻粗纱及其织物通过浸胶槽所用时间。时间长短的选择应以玻璃纤维被浸透为宜。它与胶液的黏度和组分有关,一般对不饱和聚酯树脂的浸胶时间控制在 15~20 s 之间为宜。

2)成型温度

在拉挤成型过程中,浸渍了胶液的玻璃纤维和织物在穿越模具时受热发生交联反应,树脂由线型液状的物体逐步变化成为体型的固态型材。这种变化必须是在进入模具开始到进入牵引机之前完成的。温度以及引发剂等助剂的用量则是最关键的。在确定配方后,温度是拉挤工艺控制的重点。

　　用于拉挤的树脂体系对温度都很敏感，模腔温度的控制应十分严格。温度低，树脂不能固化；温度过高，坯料入模就固化，使成型、牵引困难，严重时会产生废品甚至损坏设备。

　　为此，一般把模具分为三段，即加热区、凝胶区和固化区。在模具上使用三组加热板来加热，并严格控制温度。树脂在加热过程中，温度逐渐升高，黏度降低。通过加热区后，树脂体系开始凝胶、固化，这时产品与模具界面处的黏滞阻力增加，壁面上零速度的边界条件被打破，基本固化的型材以均匀的速度在模具表面摩擦运动，在离开模具后基本固化，型材在烘道中受热继续固化，以保证进入牵引机时有足够的固化度。模具温度区域如图 9 - 21 所示。

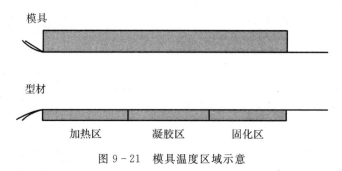

图 9 - 21　模具温度区域示意

　　模具的加热条件是根据树脂-引发剂体系来确定的。通用的不饱和聚酯树脂，一般采用有机过氧化物为引发剂，设定的固化温度一般要略高于有机过氧化物分解的临界温度。如采用协同引发剂体系，在促进剂的作用下引发剂的引发固化温度则较低。引发剂的用量通常是通过不饱和聚酯树脂固化放热曲线来确定的，而环氧树脂的固化剂用量可以计算出来。

　　加热区温度可以较低，凝胶区与固化区温度相似。温度分布应使固化放热峰值出现在模具中部靠后，凝胶固化分界点应控制在模具中部。一般三段温差控制在 20～30 ℃之间，温度梯度不宜过大。温度的设定与配方，牵引速度，模具的尺寸、形式有密切的关系。

　　3）模腔压力

　　模腔压力是由于树脂黏性，制品与模腔壁间的摩擦力，材料受热产生的体积膨胀，以及部分材料受热气化产生的。因此，模腔压力是制品在模腔内行为的一个综合反映参数。一般模腔压力在 1.7～8.6 MPa 之间。

　　4）张力及牵引力

　　张力是指拉挤过程中玻璃纤维粗纱张紧的力，可使浸胶后的玻璃纤维粗纱不松散。其大小与胶槽中的调胶辊到模具的入口之间的距离有关，也与拉挤制品的形状、树脂含量要求有关。一般情况下，要根据具体制品的几何形状、尺寸，通过实验确定。

　　牵引力的变化反映了产品在模具中的反应状态，它与许多因素，如纤维含量、制品的几何形状与尺寸、脱模剂、模具的温度、拉挤速度等有关系。

　　5）牵引速度

　　牵引速度是平衡固化程度和生产速度的参数。在保证固化度的前提下应尽可能提高牵引速度。

　　6）纱团数量

　　根据加工制品的结构以及要求的性能，确定所用纱团的数量和增强材料的品种以及排布方式。一般的玻璃钢制品的玻璃纤维和织物的含量在 40%～60% 之间,采用合理的增强材料的含量和分布对于成型工艺和制品性能是十分重要的,要根据拉挤成型的制品要求和工艺条件来确定。

拉挤成型常见的缺陷及解决方法见表 9-3。

表 9-3　拉挤成型常见的缺陷及解决方法

缺陷名称	产生原因	解决方法
鸟巢	由于增强纤维分布不均匀在模具入口处相互缠绕,导致产品在模具内被破坏	①降低牵引速度;②减少纤维黏附着的树脂;③降低树脂黏度
质量不稳定性	由于未固化的型材在模具内黏附力突然增加,导致型材在模具内表面拉裂以至型材破坏	①降低牵引速度;②对温度进行合理控制;③调整配方
粘模	未固化的型材与模具黏附,使产品拉挤破坏	①调整纤维、填料的量;②选择合适的固化温度
型材挤压变形	由于未完全固化,经牵引机挤压变形	①降低速度;②升高温度;③增加模具长度
固化不均匀	由于型材的内部固化远滞后于型材表面固化,而引起产品出现内部裂纹	①升高预热温度;②降低产品厚度;③对制品结构进行合理设计

9.4.4　拉挤成型工艺的特点

1)拉挤成型工艺的选材特点

(1)树脂。拉挤成型工艺使用的树脂与其他复合材料成型工艺使用的树脂不同,主要有不饱和聚酯树脂、环氧树脂、乙烯基树脂等。其中不饱和聚酯树脂应用最多,技术上也最成熟,大约占总量的 90%。一般来讲,用于模塑料的不饱和聚酯树脂都可用于拉挤成型制品。为获得制件的不同性能,改性酚醛树脂、多种热塑性树脂也已应用。

(2)增强材料。拉挤成型工艺使用的增强材料有玻璃纤维、石墨纤维、芳纶纤维、硼纤维和混杂纤维等。

(3)填料。在拉挤工艺中适当加入填料可提高树脂基体的耐热性,降低树脂收缩率,改善拉挤制品表面性能和降低成本,还可赋予拉挤制品阻燃、耐化学腐蚀或电绝缘等性能。对拉挤工艺使用的无机填料的要求是化学成分稳定、杂质含量少、吸水率低于 0.5%、平均粒径为 5～10 μm。填料加入量一般为 15%～40%,拉挤工艺中常用的填料见表 9-4。

表 9 - 4　拉挤工艺用无机填料

硅酸盐材料	碳酸盐材料	硫酸盐材料	氧化物类
瓷土、高岭土、黏土、滑石粉、珍珠岩粉、云母粉	碳酸钙	硫酸钡、硫酸钙	水合氧化物、氧化铝、沉积或气相二氧化硅、石英粉

2）拉挤成型工艺的优点

拉挤成型工艺作为一种自动化连续生产的复合材料成型工艺方法，其主要优点是制造速度快，拉挤成型材料的利用率为 95%（手糊成型材料的利用率仅为 75%）。用拉挤成型方法制成的拉挤制品具有高强、轻质（它的密度钢的 20%，铝的 60%）、较少或不需维修、耐化学腐蚀、耐老化、耐紫外线降解、尺寸稳定、表面光滑、易着色、无磁性、电磁透过性好、易于加工、可机械连接或胶接等特性。同时，拉挤成型工艺具有生产效率高、工艺易于控制、产品质量稳定等优点，而且拉挤制品中纤维按纵向布置，又是在预张力下成型，因此纤维的单向强度得到了充分的发挥，制品具有高的拉伸强度和弯曲强度。

3）拉挤成型工艺的缺点

制品性能具有明显的方向性，其横向强度差，只限于生产型材，且设备复杂，对各工序必须严格准确控制，生产不能轻易中断。

9.5　缠　绕　成　型

缠绕成型可充分发挥纤维拉伸强度高的特性，用于制造承受内/外压、弯曲、扭转、轴向载荷等情况下的产品。由于纤维缠绕制品具有比强度高、耐腐蚀、成本低、质量稳定等优点，而且易于实现机械化、自动化，生产效率高，因此应用广泛，典型制件有固体火箭发动机壳体、雷达罩、直升机叶片、管道和各种压力容器等。

9.5.1　缠绕成型工艺

缠绕成型工艺是将浸过树脂胶液的连续纤维或布、带，按照一定规律缠绕到芯模上，然后固化、脱模成为复合材料制品。具体如图 9 - 22 所示。

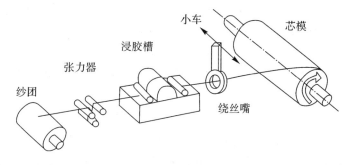

图 9 - 22　缠绕成型工艺

缠绕成型工艺根据纤维缠绕成型时树脂基体的物理状态不同，分为干法缠绕、湿法缠绕和半干法缠绕,具体流程如图 9-23 所示。

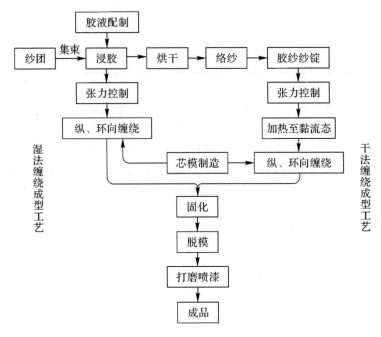

图 9-23 缠绕成型流程

1)干法缠绕

干法缠绕是采用经过预浸胶处理的预浸纱或带,在缠绕机上经加热软化至黏流态后缠绕到芯模上。由于预浸纱(或带)是专业生产,能严格控制树脂含量(精确到 2% 以内)和预浸纱质量。因此,干法缠绕能够准确地控制产品质量。

干法缠绕工艺的最大特点是生产效率高,缠绕速度可达 100~200 m/min,缠绕机清洁,劳动卫生条件好,产品质量高。其缺点是缠绕设备贵,需要增加预浸纱制造设备,故投资较大,此外干法缠绕制品的层间剪切强度较低。

2)湿法缠绕

湿法缠绕是将纤维集束(纱或带)浸胶后,在张力控制下直接缠绕到芯模上。

湿法缠绕的优点为:①成本比干法缠绕低 40%;②产品气密性好,因为缠绕张力使多余的树脂胶液将气泡挤出,并填满空隙;③纤维排列平行度好;④湿法缠绕时,纤维上的树脂胶液可减少纤维磨损;⑤生产效率高(达 200 m/min)。

湿法缠绕的缺点为:①树脂浪费,操作环境差;②含胶量及成品质量不易控制;③可供湿法缠绕的树脂品种较少。

3)半干法缠绕

半干法缠绕是纤维浸胶后,缠绕至芯模的过程中,增加一套烘干设备,将浸胶纱中的溶剂除去。与干法相比,省却了预浸胶工序和设备;与湿法相比,降低了制品中的气泡含量。

三种缠绕方法中,以湿法缠绕应用最为普遍,干法缠绕仅用于高性能、高精度的尖端技术领域。

9.5.2　缠绕成型工艺的芯模

在缠绕成型工艺中,被缠绕对象按照是否是产品的组成部分可分为内衬和芯模两种。一般将气瓶、离子罐等内压容器中用来起密封和骨架作用的部分称为内衬。内衬要求气密性好、耐腐蚀、耐高低温,材料多为铝、钢、橡胶及塑料等。为了制作出一定形状和结构的纤维缠绕制品,通常采用与制品的部件作为芯模。芯模并非制品的组成部分,只是在产品成型过程中起到骨架的作用。芯模是纤维缠绕工艺中的关键部件之一。

1)芯模的结构形式

缠绕芯模按照其结构不同可分为整体式芯模和组合装配式芯模两类。

(1)整体式芯模。多采用易敲碎、易溶或易熔的材料,如可溶或易熔盐类、低熔点合金等材料制造。在制造芯模时,先将其加热熔化铸造成空心或实心的壳体(取决于模具的尺寸要求),脱模时加入热水或蒸汽使之溶解即可。

(2)组合装配式芯模。可分为分瓣式、隔板式、捆扎式、框架装配式等。分瓣式芯模[见图 9-24(a)]采用弓形铝合金片构成回转体,外表面涂刮一层石膏层,最后进行机械加工。隔板式芯模[见图 9-24(b)]采用石膏隔板支撑金属细管,捆扎后外表面涂刮石膏。捆扎式芯模[见图 9-24(c)],用金属管捆扎成芯模,外表层涂刮石膏。框架装配式全部采用金属构件装配,外表层涂刮石膏。

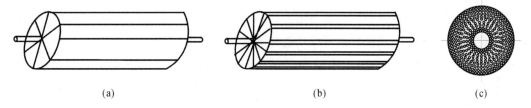

图 9-24　组合装配式芯模

(a)分瓣式芯模;(b)隔板式芯模;(c)捆扎式芯模

2)芯模在设计时应考虑的因素

(1)根据缠绕制品的几何尺寸、成型工艺、脱模方式、生产批量等因素确定缠绕芯模的材料与结构形式;

(2)芯模与缠绕设备及固化设备、脱模设备等的连接与匹配;

(3)大型组装式芯模需事先制定好脱模方法及脱模程序;

(4)对于大型厚壁制品,需进行内部加热系统的设计;

(5)芯模价格及加工周期的计算;

(6)芯模材料应既能耐树脂腐蚀,又不影响树脂系统的固化;

(7)为保证缠绕制品的尺寸准确与稳定,所用芯模材料的成分应均匀一致。

3)芯模材料

根据缠绕芯模所采用的材料不同,可以分为石膏芯模、木芯模、砂芯模、金属芯模、塑料芯模等。

（1）石膏芯模制作方便，费用低，一般应用于数量较少、结构尺寸较大且精度要求不高的产品。制作石膏芯模时应先制作一个刚性很好的芯轴，然后再在芯轴上利用钢材或木材制作出构架，在构架上糊制石膏层，最后将石膏层修整成所需要的形状。石膏芯模在使用前必须进行加工和封孔处理。

（2）制作木芯模用的木材要求质均、无节、不易收缩变形。常用的木材有红松、银杏、杉木、枣木等。木材在使用前应进行干燥，含水量一般要小于 10%，以减少变形和裂纹。木芯模不耐久、不耐高温、表面需要进行加工和封孔处理。它适用于一些形状简单的大型制品及几何形状较复杂的小型制品的成型。

（3）制作砂芯模时，通常是将聚乙烯醇和砂子按一定的比例混合均匀后，装入事先加工好的模腔内捣实并加温固化，成型后脱模加工，即可得到满足一定尺寸要求的砂芯模。缠绕结束，产品固化成型后可用热水将砂浆冲出，从而达到脱模的目的。由于砂浆模都是一次性使用，所以这种模具一般适合批量小、中间直径比两端大、脱模困难的制品成型。

（4）金属芯模常用铸铁、铸铝、铸铝合金、碳素钢等制作。金属模具耐久不变形，精度高，但加工复杂，成本高，制造周期长，通常适用于批量较大、精度要求较高的定型产品。

9.5.3 缠绕成型工艺影响因素

1）缠绕张力

在缠绕过程中，缠绕机会产生缠绕张力，并从垂直方向对预浸料进行拉伸，以此使预浸料呈拉直状态，进而可对预浸料的纤维均衡施加来自水平方向的作用力。张力的作用是对缠绕过程的变形效果进行加强。然而，如果施加的张力过大则会导致预浸料出现裂纹，进而会导致产品的质量受到影响。张力会受到多种因素的影响，除预浸料的等级之外，预浸料自身的尺寸也会对张力的大小产生直接影响。

缠绕张力的大小与缠绕速度、纤维路径的摩擦程度、纤维路径的弯曲程度等有较大关系。张力过小，制品强度偏低，容器充压时变形大，疲劳性能差；张力过大，纤维磨损大，使纤维强度损失，制品强度下降。因此，缠绕过程中应随时注意纤维张力的变化，将纤维张力调节在工艺设计规定的范围内。

2）缠绕温度

为了保证纤维浸渍充分，树脂含量均匀。加热（胶槽恒温）和加入稀释剂可以有效控制胶液黏度，但都带来一定副作用：提高温度会缩短树脂胶液的使用期，加入的溶剂在成型时若去除不干净，会在制品表面形成气泡，影响制品强度。但如果选择合适的加热温度和易挥发的溶剂，或以稀释剂代替普通溶剂，对胶纱采用烘干措施等，上述问题会得到克服。为保证纤维浸胶透彻，要求树脂黏度控制在 0.35~1.0 Pa·s，过程中应注意随时将制品表面多余的树脂用刮胶板去除干净。

在缠绕成型工艺中，缠绕速度、预制体增强材料等因素也都会影响到缠绕成型制件的质量。缠绕成型制品常见的缺陷形式、产生原因以及针对这些情况可以采取的措施见表9-5。

表 9 – 5　缠绕成型工艺制品常见缺陷、产生原因及解决方法

缺陷名称	产生原因	解决方法
制品中的气泡	缠绕时速度太快,玻璃丝和布没有浸透,将空气带存留于缠绕制品	调整速度,使之浸透,并用刮胶板将其余胶刮去
	胶液黏度太大,空气泡不易被赶出	降低浸胶黏度
	增强材料浸润性差	选择合适的纱和织物,并提高预烘效果
制品分层	纤维含水量或含蜡量大	应进行热处理去蜡、去潮
	缠绕成品松散或多孔	应调整缠绕张力,并应检测环氧胶的配方比是否恰当
制品表面发黏	固化不完全	应调整固化参数及增加后处理
	配料有误	选择正确的固化剂、环氧树脂等配料,并保证合适比例

9.5.4　缠绕成型工艺特点

1)缠绕成型的选材特点

缠绕成型的原材料主要是树脂基体、增强材料和填料。

(1)树脂基体。树脂基体是指树脂和固化剂组成的胶液体系。缠绕制品的耐热性,耐化学腐蚀性及耐老化性主要取决于树脂性能,同时对工艺性、力学性能也有很大影响。缠绕成型常用树脂主要是不饱和聚酯树脂,有时也用环氧树脂和双马来酰亚胺树脂等。对于一般民用制品如管、罐等,多采用不饱和聚酯树脂。对力学性能的压缩强度和层间剪切强度要求高的缠绕制品,则可选用环氧树脂。航天航空制品多采用具有高断裂韧性与耐湿性能好的双马来酰亚胺树脂。

(2)增强材料。缠绕成型用的增强材料,主要是各种纤维纱,如无碱玻璃纤维纱、中碱玻璃纤维纱、碳纤维纱、高强玻璃纤维纱、芳纶纤维纱及表面毡等。

(3)填料。填料种类很多。加入填料后能改善树脂基体的某些性能,如提高耐磨性、增加阻燃性和降低收缩率等。在胶液中加入空心玻璃微珠,可提高制品的刚性、减小密度、降低成本等。在生产大口径地埋管道时,常加入 30% 石英砂,借以提高产品的刚性和降低成本。为了提高填料和树脂之间的黏结强度,填料要保证清洁,并进行表面活性处理。

2)缠绕成型的优点

纤维缠绕成型具有如下优点:①能够按产品的受力状况设计缠绕规律,充分发挥纤维的强度。②比强度高。一般来讲,纤维缠绕压力容器与同体积、同压力的钢质容器相比,质量可减轻 40%~60%。③可靠性高。纤维缠绕制品易实现机械化和自动化生产,工艺条件确定后,缠绕成型的产品质量稳定。④生产效率高。采用机械化或自动化生产,需要操作工人少,缠绕速度快(240 m/min),故劳动生产率高。⑤成本低。在同一产品上,可合理配选若干种材料(包括树脂、纤维和内衬),使其再复合,达到最佳的技术经济效果。

3)缠绕成型的缺点

纤维缠绕成型具有如下缺点:①缠绕成型适应性小,不能缠任意结构形式的制品,特别是表面有凹陷的制品,因为缠绕时,纤维不能紧贴芯模表面而被架空;②缠绕成型需要有缠绕机、芯模、固化加热炉、脱模机及熟练的技术工人,需要的投资大,技术要求高,因此只有大批量生产时才能降低成本,获得较高的技术、经济效益。

9.6 其他成型方法

9.6.1 袋压成型

袋压成型是借助成型袋与模具之间抽真空形成的负压或袋外施加压力,使复合材料坯料紧贴模具,经固化成型的方法。袋压成型的最大优点是,仅用一个模具(阳模或阴模)就可以得到形状复杂,尺寸较大、质量较好的制件,也能制造夹层结构件。袋压成型工艺流程如图 9-25 所示。根据加压方式的不同可分为压力袋成型、真空袋成型和真空袋-热压罐成型三种成型方式。

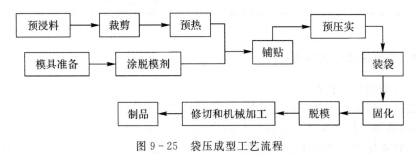

图 9-25 袋压成型工艺流程

1)真空袋成型法

真空袋成型法是在固化时利用抽真空产生的大气压对制品施加压力的成型方法。其工艺过程为:将铺叠好的制件毛坯密封在真空袋与模具之间,然后抽真空形成负压,大气压通过真空袋对毛坯加压,真空袋用具有延展性,强度高的尼龙膜等材料制成,用黏性的密封胶条与模具黏结在一起,真空袋内通常要放有导气毡以使真空通路通畅。固化完全后卸模取出制件。

真空袋成型法工艺简单,不需要专用设备,常用来制造室温固化的制件,也可在固化炉内成型中、高温的制件。

真空袋成型法适用于大尺寸产品的成型,如船体、浴缸及小型的飞机部件。由于真空袋法产生的压力小(一般为 0.05~0.07 MPa),只适用于环氧树脂和聚酯树脂。真空袋方法多用于凹模成型,生产的制品表面较光滑,精度较高。

2)压力袋成型法

用压力袋成型法固化制品,是通过向压力袋通入压缩空气实现对毛坯加压的。压力可达 0.25~0.5 MPa,由于压力较高,对模具强度和刚度的要求也较高,还需考虑传热效率,故一般采用轻金属模具,加热方式通常用模具内加热的方式。凹模、凸模均可通过压力袋实现加压固化如图 9-26 所示。

由于压力袋成型设备简单,因此常用于制造使用要求不高、外形简单、成型压力不高、室温固化的制件,应用广泛。

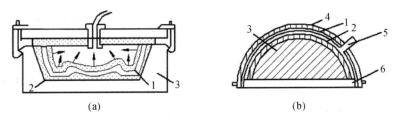

图 9 - 26　压力袋成型法

(a)凹模成型;(b)凸模成型

1—橡皮带;2—毛坯;3—模具;4—外壳罩(钢制);5—接管嘴;6—底板

3)真空袋-热压罐成型法

真空袋-热压罐成型法是利用热压罐内部的程控温度和静态气体压力,使复合材料叠层坯料在一定温度和压力下完成固化过程的成型方法。

复合材料制件完整的工艺过程为:首先按制件图纸对预浸料下料及铺叠,铺叠完毕后按样板作基准修切边缘轮廓,并标出纤维取向的坐标,然后进行封装。封装的目的是将铺叠好的毛坯形成一真空系统,进而通过抽真空以排出制件内部的空气和挥发物,然后加热到一定温度再对制件施加压力进行预压实(又称预吸胶),最后进行固化。

采用真空袋-热压罐成型可以制得高质量的复合材料制件,制件压制密实,厚度公差范围小,空隙含量低,许多大型和复杂的部件,如机翼、卫星天线反射器、导弹等制品成型都采用此方法成型。其缺点是能源利用率低,设备复杂、成本较高,温度一般也不超过 200 ℃。

9.6.2　模压成型

模压成型法是将一定量的模塑料放入金属对模中,在一定的温度和压力作用下,使模塑料在模腔内受热熔化、受压流动并充满模腔成型固化而获得制品的一种方法。模压法生产效率高、产品外观好、精度高、适合大批量生产,但模具要求高,制件尺寸受到限制,高吨位大台面压机可用于成型大尺寸平板制件和层压板材。

模压工艺流程如图 9 - 27 所示。由图可见,模塑料成型前要经预压,即将模塑料在加热条件下压成一定的紧密实体。预压可以改善模压操作和提高制品质量。压制是模压工艺中最重要、最关键的环节,应严格控制好温度、压力和时间三个主要参数。

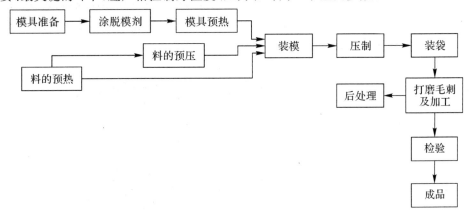

图 9 - 27　模压成型工艺流程

若模压过程中无须外部加热,仅靠加压而形成制品则称为冷模压成型。虽称为冷模压成型,但模温往往处于 40~50 ℃之间,这是由树脂固化反应放热所致。冷模压成型压力一般不大于 0.5 MPa,适于制造形状简单,厚度为 2~5 mm,两面较光滑的制品,由于模具要求不高,可采用廉价材料作模具,有利于大面积制品的成型,适合于中等批量的大型制品。

9.6.3 离心浇注成型

离心浇注成型法是将纤维和树脂置于旋转模型腔,借助模具转动的离心力将物料压紧,并排除其中的空气,固化后得到制件的方法,如图 9-28 所示。模具旋转的速度由物料靠紧模壁所需的离心力来决定。

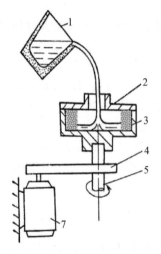

图 9-28 离心浇注成型

1—浇包;2—旋转模;3—复合材料(制件);
4—带轮和带;5—旋转轴;6—电动机

根据离心力推导出的离心浇注方程式为

$$v=\sqrt{\frac{p \cdot g \cdot r}{\rho \cdot t}} \qquad (9-1)$$

或

$$r_{pm}=\frac{v \cdot 60}{\pi \cdot d}=\frac{\sqrt{\frac{p \cdot g \cdot r}{\rho \cdot t}} \cdot 60}{\pi \cdot d} \qquad (9-2)$$

式中:v ——模具旋转速度(m/s);
p ——制件成型压力(MPa);
g ——重力加速度(m/s^2);
r ——制件半径(m);
ρ ——制件密度(mg/m^3);
t ——制件厚度(m);
r_{pm} ——模具转速(r/min);
d ——制件直径(m)。

9.6.4 弹性模膨胀成型

弹性模膨胀成型法是靠弹性模的热膨胀传递应力来实现的,如图 9-29 所示。弹性模采用线膨胀系数大的橡胶制成,常采用耐热性好的硅橡胶。弹性模多制成棒、条、块等形状,内部常埋有金属加强片,可提高模具整体刚度和便于脱模,常用来成型含有孔、槽等形状的制件和型材,特别适于复杂结构制件整体成型。

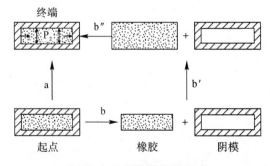

图 9-29 弹性模膨胀成型

弹性模成型可分为开模法和闭模法两种形式。开模法使弹性模的一面或几个面呈自由状态,主要用于传递压力,多与热压罐配合使其固化。闭模法限制所有弹性模的表面,多为单独成型制件时使用。

为使压力有效地传递到制件上,必须精确计算压力,作出弹性模压力-温度曲线,并严格控制弹性模与制件的尺寸。

9.6.5　泡沫储树脂成型

泡沫储树脂成型是复合材料泡沫夹层结构的一种成型方法。泡沫储树脂成型制造平板的示意图如图 9-30 所示。用刮涂使树脂浸渍软质通孔泡沫塑料,两面铺贴织物铺层,在模具内用模压或其他方法加压,使储存于泡沫塑料中的树脂浸渍织物铺层,同时加热固化,制成夹层结构制件。根据需要改变泡沫塑料和纤维用量,就可获得不同性能的材料。其特点是成型压力低、工艺成本低、产品质量轻、适用于制造大型部件,但不能成型复杂制件。泡沫储树脂成型主要用于生产汽车部件,如拖斗、壳体、保险杆和车门等。

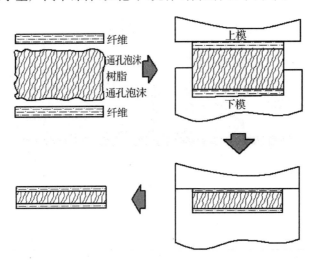

图 9-30　泡沫储树脂成型制程平板的示意图

9.6.6　共固化成型

在整体结构中,结构组分的结合可采用共固化工艺实现,也可采用胶接共固化工艺实现。两种工艺方法会在结构内部产生图 9-31 所示的两种特殊结合界面示意图。

由于结合界面的不同,结构的力学性能也会有一定程度的差异,而这种差异主要体现在由基体树脂主导的性能上。差异程度与具体的基体树脂类型、胶接共固化所用胶膜类型以及两者间相容特性密切相关。

许多复合材料整体壁板采用胶接共固化工艺制造。壁板的长桁与蒙皮分别铺叠,蒙皮先行固化,再与长桁叠层一起完成胶接共固化。胶结共固化工艺的优点在于,在桁条的固化过程中无须考虑蒙皮的成型质量,模具形式可以得到一定程度的简化。图 9-32 为胶结共固化整体壁板的模具示意图。在此系统中,蒙皮因已固化,无须在其上表面设置相应的模具,只需进行真空袋封装即可。桁条的固化成型由其两侧的模具配合完成。图中的桁条模具为软(橡胶)硬(金属)模结合的形式,但当桁条的定位和尺寸精度要求较宽松时,也可采用完全软模的形式。

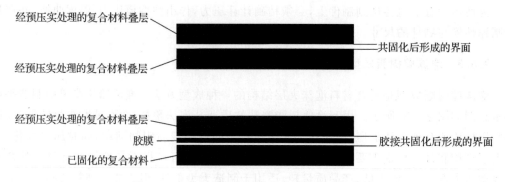

图 9-31　共固化界面和胶结共固化界面示意图

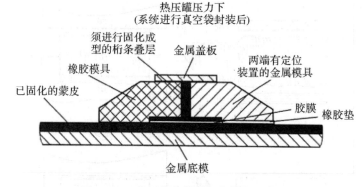

图 9-32　共固化整体壁板的模具示意图

9.6.7　热塑性复合材料成型

热塑性复合材料成型工艺主要有热压罐成型、真空袋成型、拉挤成型、缠绕成型、自动铺放成型,以及下述各种成型工艺。

1)隔膜成型

热塑性复合材料的隔膜成型如图 9-33 所示。将复合材料层压板材夹在两层易脱模的可塑性变形的隔膜之间加热到软化,再加压使之紧贴模具而成型,隔膜边缘被夹紧,产生双轴压力以支撑层压板,可以防止制件起皱、局部变薄及其他缺陷。隔膜应能在成型温度范围内被拉伸,常用的有高塑性铝箔或聚酰亚胺薄膜。用此法成型的制件质量较好,已成功地用于层压板成型过程。

2)滚压成型

热塑性复合材料的滚压成型类似于金属的滚压成型,是用预先加热到软化温度的层压板连续通过滚轮成型,滚压过程如图 9-34 所示。滚压成型可实现自动化连续生产,生产效率高,适合大批量生产。

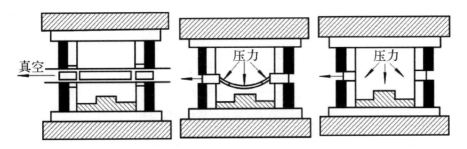

图 9-33　热塑性复合材料的隔膜成型

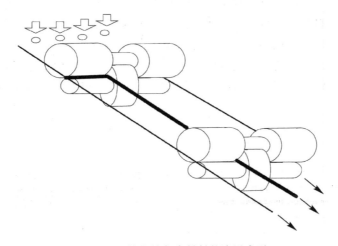

图 9-34　热塑性复合材料的滚压成型

3)橡胶垫热压成型

橡胶垫热压成型工艺过程如图 9-35 所示。由图可见,用一个橡胶垫对已加热软化的复合材料层压板施压,使其紧贴于阳模外表面而成型。加工过程中要达到足够的成型压力,但压力不一定均匀,同时橡胶垫必须可承受成型时的高温。

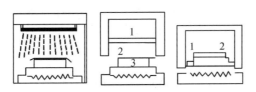

图 9-35　热塑性复合材料的橡胶垫热压成型
(a)预热;(b)移入压机;(c)成型
1—橡胶垫;2—层压板;3—模具

4)液压成型

热塑性复合材料的液压成型过程如图 9-36 所示。它是用液压流体对已加热软化的复合材料层压板施压,使层压板紧贴模具而成型。液压流体用弹性膜密封使之不致泄漏。这种方法可达到很高的压力,压力分布比较均匀,工艺周期短。

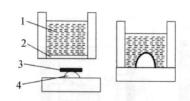

图 9-36　热塑性复合材料的液压成型
1—液压流体；2—隔膜；3—层压板；4—模具

5）对模热压成型

图 9-37 为热塑性复合材料对模热压成型示意图，用阴模和阳模在热压机上使已加热软化的热塑性复合材料层压板成型为制件。为了获得均匀的压力和热传导，对模具的设计和加工要求较高。通常阴模用金属材料制成，阳模用耐热橡胶制成，使得成型压力较为均匀并降低模具成本。此方法的特点是操作快速方便，生产效率高，但成型时树脂不易流动，易造成制件分层和纤维排列畸变等缺陷。实际生产中应严格控制温度和压力的大小，以保证制件质量。

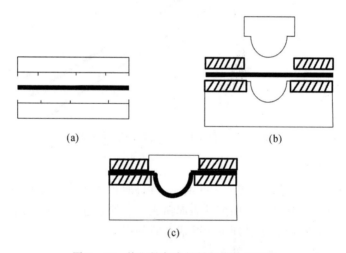

(a)　　　　　　　(b)

(c)

图 9-37　热塑性复合材料对模热压成型
(a)预热；(b)固定；(c)成型

习　　题

1．简述复合材料成型工艺特点和复合材料成型三要素。

2．试述航空航天热固性复合材料制件的热压罐生产过程。

3．什么是复合材料液体成型技术？说明图 9-7 是哪种复合材料成型方法。

4．简述拉挤成型工艺。

5．描述图 9-38 所示复合材料零件成型工艺。

6．解释共固化成型。

图 9-38　复合材料接头

7. 热塑性复合材料成型方法有哪些? 举例说明三种具体成型工艺。

参 考 文 献

[1] 李西宁,常正平,翟平. 飞机钣金成型原理与工艺. 2 版. 西安:西北工业大学出版社,2021.

[2] 肖景容,姜奎华. 冲压工艺学. 北京:机械工业出版社,2012.

[3] 中国机械工程学会锻压学会. 锻压手册:冲压. 2 版. 北京:机械工业出版社,2002.

[4] 赵军,李硕本,金淼,等. 冲压工艺理论与新技术. 北京:机械工业出版社,2002.

[5] 古托夫斯基. 先进复合材料制造技术. 李宏运,等译. 北京:化学工业出版社,2004.

[6] 吉布森. 复合材料力学基础. 张晓晶,余音,吕新颖,译. 上海:上海交通大学出版社,2019.